内燃机
运动机构动力学

曹贻鹏　刘　晨　郑大远　编著

本书配有数字资源与在线增值服务
微信扫描二维码获取

认准
正版

首次获取资源时，
需刮开授权码涂层，
扫码认证

CHEMICAL INDUSTRY PRESS

刮开涂层
扫码认证

授权码

化学工业出版社
·北京·

内容简介

本书立足内燃机行业需求，系统阐述内燃机运动机构动力学计算方法，由浅入深地对内燃机动力学进行较全面的论述。书中以曲柄连杆机构为主，紧扣运动机构的动力学特点，从求解方法、分析方法角度较全面地介绍了内燃机动力学涉及的内容，涵盖曲柄连杆机构运动学与动力学、轴颈与轴承负荷、内燃机的平衡、配气机构动力学、齿轮传动系统动力学等，力求完整展现内燃机主要运动机构动力学的技术体系。每章后习题给出了答案详解，可扫描二维码查看。

本书内容理论联系实际，语言深入浅出，可作为高等院校本科生专业教材，也可供行业技术人员参考使用。

图书在版编目（CIP）数据

内燃机运动机构动力学 / 曹贻鹏，刘晨，郑大远编著. -- 北京：化学工业出版社，2025. 8. --（石油和化工行业"十四五"规划教材）. -- ISBN 978-7-122-48535-9

Ⅰ. TK401

中国国家版本馆 CIP 数据核字第 202565A1Y1 号

责任编辑：陶艳玲　　　　文字编辑：袁玉玉
责任校对：李雨晴　　　　装帧设计：关　飞

出版发行：化学工业出版社
　　　　　（北京市东城区青年湖南街 13 号　邮政编码 100011）
印　　装：大厂回族自治县聚鑫印刷有限责任公司
787mm×1092mm　1/16　印张 9¼　字数 207 千字
2025 年 10 月北京第 1 版第 1 次印刷

购书咨询：010-64518888　　　售后服务：010-64518899
网　　址：http://www.cip.com.cn
凡购买本书，如有缺损质量问题，本社销售中心负责调换。

定　　价：38.00 元　　　　　　版权所有　违者必究

前言

内燃机作为核心动力装置，凭借其功率覆盖范围广、热效率高、可靠性强等显著优势，在我国工业领域，特别是交通运输、石油化工、能源、农业及国防军事等领域，得到了极其广泛的应用。当前，随着社会经济持续发展和"双碳"目标的深入推进，高效、绿色、可持续发展理念日益深入人心，对内燃机行业提出了高能效、高功率密度、高可靠性及低排放等更为严苛的新要求，这极大地促进了新型内燃机设计及相关技术领域的创新与发展。

内燃机动力学是支撑内燃机设计的关键基础学科，聚焦于研究其内部各运动机构（如曲柄连杆机构、配气机构、传动系统等）及其相互作用的运动规律与受力特性，为运动件及附属结构的精准设计与优化选型提供理论依据和方法支撑。为适应内燃机动力学领域的技术进步与多学科融合趋势，满足高校本课程的教学需求，作者团队结合长期的教学实践与科研积累，精心撰写了本书。全书共分六章：内燃机运动机构动力学概述、正置式曲柄连杆机构运动学与动力学、主副连杆机构运动学与动力学、轴径与轴承负荷、内燃机的平衡、内燃机其他运动机构动力学（包括配气机构与齿轮传动系统）。每章后配有习题，并给出了习题答案详解，可扫描二维码查看。

本书致力于在方法与对象两个维度进行拓展与深化：在**方法层面**，系统论述了从经典的质点力系法，到现代的多刚体动力学（MBD）与多柔体动力学（MFBD）方法在内燃机动力学分析中的应用原理与实践；在**对象层面**，不仅深入剖析了曲柄连杆机构（包括正置式与主副连杆式）的核心动力学问题，还探讨了配气机构动力学、齿轮传动系统动力学等关键运动机构的动态行为与设计考量。书中内容力求反映当前技术发展，紧密对接工程实践，为读者提供一套较为系统、先进且实用的内燃机动力学分析与设计知识体系。

本书的撰写分工如下：第1、2、3章主要由曹贻鹏执笔；刘晨负责编写了第4、5章；河南科技大学郑大远撰写了第6章，并承担了全书的算例分析验证与统稿工作。衷心感谢哈尔滨工程大学张新玉对书稿进行的细致审阅和宝贵意见；感谢张文平、杨洁在编写过程中给予的热情鼓励与专业指导；感谢张润泽、杨国栋、闫力奇、丛仁宏等硕士与博士研究生在公式、插图及排版中提供的帮助，他们的相关研究为本书拓展了视野与深度。本书在编写过程中参考了大量国内外专家学者的研究成果与文献资料，在此一并致以诚挚谢意。

鉴于编著者学识水平所限，书中难免存在疏漏与不足之处，恳请广大读者和专家学者不吝批评指正，以便今后修订完善。

编著者
2025年5月

目录

第3章　主副连杆机构运动学与动力学　48

第4章　内燃机轴颈与轴承负荷　70

第 5 章　内燃机的平衡　94

第 6 章　内燃机其他运动机构动力学　127

主要符号说明

α	曲柄转角	m_{BW}	平衡重质量
β	连杆摆角	x	活塞位移
γ	气缸夹角	v	活塞速度
μ	转矩不均匀系数	a	活塞加速度
θ	曲柄间夹角	p_g	缸内气体压强
ξ	发火间隔角	m_j	参与往复运动的质量
ω	曲轴平均角速度	P_j	往复惯性力
n	内燃机转速	M_j	往复惯性力矩
N_e	有效功率	P_r	离心惯性力
T	冲程	M_r	离心惯性力矩
Z	气缸数	k_j	平衡系数
D	气缸直径	p_H	活塞侧推力
S	活塞行程	p_C	连杆推力
R	曲柄半径	p_N	曲柄销法向力
L	连杆长度	p_T	曲柄销切向力
λ	曲柄半径与连杆长度比	R_{Bu}、R_{Bv}	连杆轴承负荷分量
r	关节半径	R_B	曲柄销处合力
C_m	活塞的平均速度	R_k	主轴颈处合力
I_0	内燃机转动惯量	R_O	主轴承负荷
m_p	活塞组质量	H	主轴颈处水平方向力
m_C	连杆组质量	V	主轴颈处垂直方向力
L_A	连杆重心至小端中心距离	M_d	倾覆力矩
m_k	曲柄换算质量	M_k	输出转矩

第1章

绪　论

1.1　概述

　　内燃机是一种动力机械，或者说是一种动力装置。人类长期的生产、应用实践经验表明，对于任意一种人们所设计、制造的机构或装置，都必须进行结构强度、稳定性等方面的计算、校核，以保证装置在特定的条件下安全工作而不发生事故。就内燃机来说，计算校核方面的工作包括零部件强度计算、部件与系统的动力学计算、疲劳与可靠性计算等。内燃机主要由固定件、运动件、附属系统、控制系统等组成，其中运动件包括曲柄连杆机构、配气机构、齿轮传动机构等运动机构，是内燃机功能性得以实现的重要组成部分，是内燃机设计的重点，涉及内燃机运动机构的零部件强度计算、轴承负荷计算、内燃机平衡计算、轴系扭转振动计算等方面内容。本书介绍的内燃机动力学就是关于这些方面的基本知识，为内燃机运动部件设计、选型、校核、控制、优化等方向研究提供理论支撑。

1.2　内燃机运动机构分类及特点

　　内燃机运动机构包括曲柄连杆机构、配气机构、齿轮传动机构等，如图 1-1 所示，下面将逐一介绍这些运动机构。

曲柄连杆机构直接承受气缸爆发压力，将其转换为对外做功的机械能，工作环境恶劣，对内燃机能否正常运转起到决定性作用，是内燃机设计人员需要重点学习、研究的对象。曲柄连杆机构动力学不仅可作为零部件强度计算、轴承负荷计算、轴系扭转振动计算的依据，还为内燃机平衡计算提供了依据。曲柄连杆机构的简化、建模、计算分析到数据整理等，都是本书的主体研究内容。

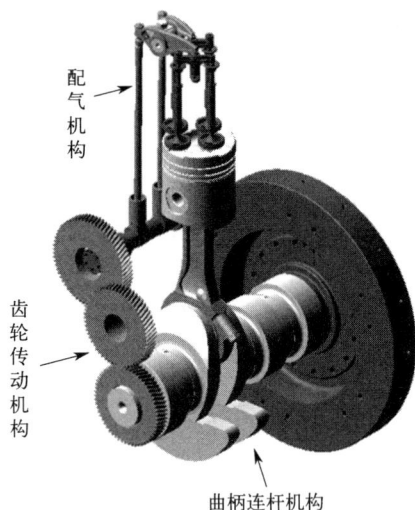

图 1-1　内燃机主要运动机构

配气机构按照内燃机的正时设置实现缸内气体充入与排出，保证足够的气流通过能力，满足内燃机工作需求。配气机构的动力学分析主要关注其各部件的运动规律和各部件之间的作用力，如凸轮与挺柱的接触动力学、气阀与阀座的碰撞激励等，是配气机构部件设计选型、气门弹簧选取、气阀敲击噪声控制的依据，本书将围绕单质量配气机构简化模型进行动力学分析。

齿轮传动机构将内燃机曲轴与附属系统基于一定的正时关系连接起来，利用曲轴回转转矩带动配气凸轮轴、水泵、滑油泵等设备工作，确保内燃机正常运行。齿轮传动机构主要由一系列布置在内燃机端面的直齿轮、斜齿轮构成。传动机构动力学主要研究齿轮啮合运动学及齿轮间啮合、碰撞等作用力规律。

燃油系统的动力学主要以传统机械式喷油系统为对象，研究喷油泵启闭、管内燃油流动、喷油器针阀启闭的运动以及作用力规律，以燃油泵内的凸轮接触应力、针阀与阀座敲击等为目标，进行动力学建模分析。

1.2.1　曲柄连杆机构

曲柄连杆机构是内燃机最重要的运动机构，它主要由活塞、连杆、曲轴三大基本构件组成。按照运动机构的布置形式，曲柄连杆机构大致可分为以下三类。

① 正置式曲柄连杆机构　该种机构是曲柄连杆机构的基本形式，它的特点是气缸中心线通过曲轴回转中心，如图 1-2(a) 所示。船舶主机用低速内燃机通常采用十字头形式，但其简化的结构形式仍与正置式内燃机结构一致，如图 1-2(b) 所示。并列连杆或叉型连杆机构如图 1-2(e) 所示，多个连杆大端与一个曲柄销直接连接，可对应于 V 型、I 形、W 形、X 形和星形等多列式内燃机，其结构也可简化为 N 个正置式曲柄连杆机构。目前世界上绝大部分内燃机使用正置式曲柄连杆机构，这种机构的运动学及动力学也是本书介绍的重点。

② 偏置式曲柄连杆机构　偏置式曲柄连杆机构的气缸中心线不通过曲轴回转中心，而是偏向其侧方一定的距离 e，如图 1-2(c) 所示。该机构的特点是：当气缸中心线位于回转中心右侧时，内燃机顺时针旋转，活塞向侧壁的侧推力较小，气缸和活塞间的磨损较小；如果逆时针旋转，侧推力反而增大。这种形式的运动机构，不适用于可反转式内燃机，因而其

通用性不足，目前已经极少采用。

③ 主副式曲柄连杆机构　主副式曲柄连杆机构又称为关节式曲柄连杆机构，主连杆大端与曲柄销直接连接，副连杆大端则通过副连杆销连接到主连杆大端伸出的关节上，形成关节式运动机构，如图1-2(d)所示。由于一个主连杆可以连接若干个副连杆，故此种形式可以应用于V型、I形、W形、X形、星形等多种结构形式的内燃机。

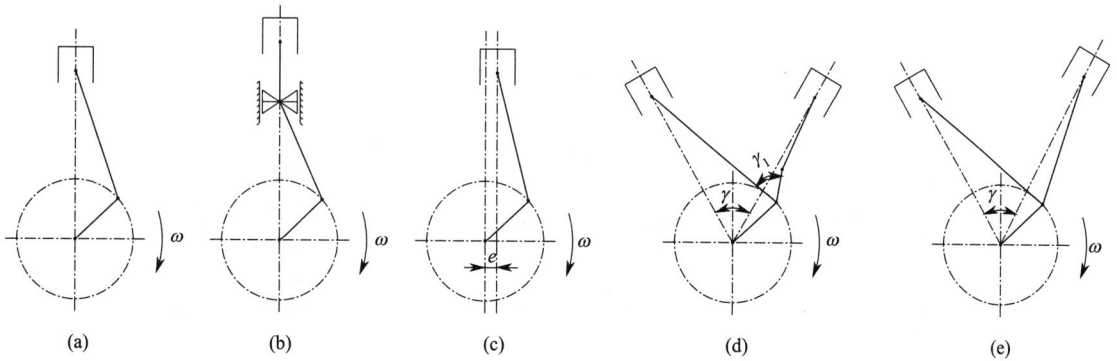

图 1-2　各种类型曲柄连杆机构

除了按照运动机构布置形式分类外，内燃机根据其曲轴数和每一横截面内的气缸数及其结构样式，又可以分为以下若干类型。

① 单列式内燃机　内燃机所有的气缸排成一直线形式，称为单列式内燃机，也称直列式内燃机，如图1-3（a）所示。内燃机只有一根曲轴，每个曲柄连接一套相同的曲柄连杆机构，其结构简单、制造容易、功率范围宽、应用范围广。但是随着缸数的增加，内燃机机身与曲轴变长，纵向刚度降低，底座与曲轴变形较大，容易产生咬缸等故障现象。采用此结构的内燃机曲柄数量增加，曲轴的扭转振动性能变差。目前单列式内燃机气缸数目最多为10～12缸。

② 单轴多列式内燃机　单轴多列式内燃机在一个曲柄上同时连接两套及以上的曲柄连杆机构，类似两台以上的单列式内燃机共用一根曲轴，围绕曲轴中心线呈放射状布置，如图1-3(b)～(e)所示。采用此种形式的内燃机结构紧凑、尺寸小、重量轻、功率密度高，适用于高功率、重载荷条件。

③ 多轴多列式内燃机　此种内燃机由多台单轴多列式内燃机组合而成，具有两根及以上的曲轴，并在每一横剖面内具有两个及以上工作气缸，如图1-3(f)～(g)所示。这种内燃机结构复杂，增加了加工及后续维护保养的难度，因此工程应用较少。

④ 多轴对向活塞式内燃机　内燃机每个气缸内有两个活塞进行对向运动，构成内燃机工作循环，如图1-3(h)～(i)所示。它没有气缸盖和专门的配气机构，换气依靠两个活塞分别控制气缸壁上的扫排气口开启时间来实现，与二冲程内燃机工作原理相同，其机体和曲轴箱结构复杂。对向活塞式内燃机单位气缸工作容积大、单机功率大、尺寸小、重量轻、结构紧凑，但结构复杂、制造成本较高，只在部分车、小型船舶领域采用。

总体来讲，常见的内燃机结构样式可归入上述四类，其他形式如摆盘内燃机、凸轮内燃机等在通用场合应用较少，因此本书不做论述。上述特殊结构形式内燃机出现的主要目的是

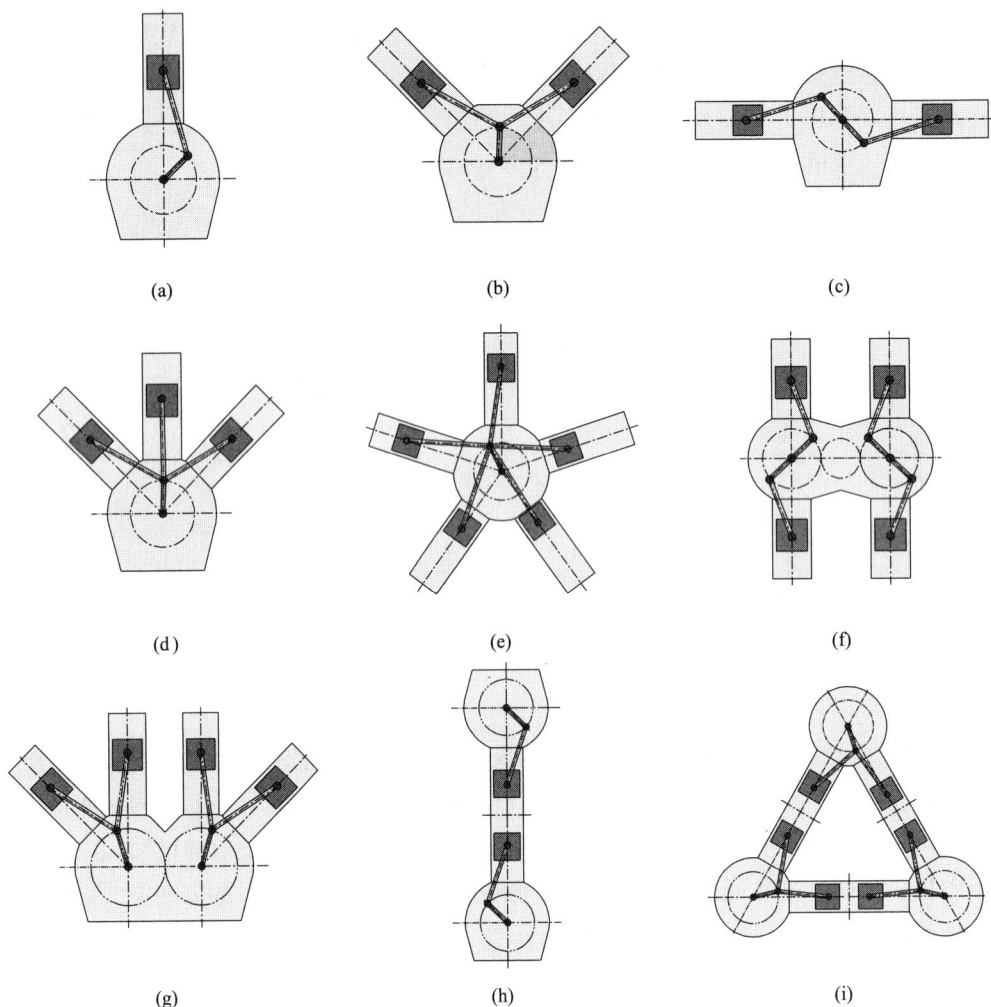

图 1-3　内燃机结构形式

满足单机功率密度、特殊应用场合等不同需求。在实际使用中，以单轴单列式、单轴多列式最常见，因为其结构形式相对简单，制造工艺简单，造价相对偏低，因此，选取这两种结构形式作为本书分析的主要对象。

1.2.2　配气机构

配气机构是控制内燃机进、排气过程的机构，其功用是按照发火顺序和各气缸的工作过程，适时开启和关闭进气阀及排气阀，使新鲜空气或燃料混合气进入气缸，在压缩与燃烧做功过程保持关闭，并使燃烧后的废气从气缸中排出。典型的配气机构如图 1-4（a）所示，包括凸轮、挺柱、推杆、摇臂、气阀弹簧和气阀等部件。

在内燃机工作的每一个循环中，进气和排气冲程所占的时间较短，配气机构的构件以较高的瞬时速度工作，有的零件还承受高温的作用，导致配气机构的构件承受较大的惯性力、机械力和热应力，部分接触面可能润滑不良，进而使零件的磨损增大，严重时将破坏气门密封性及配气正时，影响系统功能性。

配气机构的主要设计要求为：正时准确；有足够大的气体流通面积，以保证气缸中废气排除干净，新鲜气体充满气缸；振动和噪声小；工作可靠，使用寿命长；结构简单，维修方便。

传统的配气机构动力学计算将配气机构的零部件视为完全刚性，且将配气机构各传动零部件进行一定程度的简化，进而获取气阀及其传动构件的真实受力和运动情况。根据作用在各构件上的力的平衡关系，并考虑系统中的阻尼、间隙、脱离、接触、落座等各种因素，建立气门运动方程，进而求解各种工况下气门真实运动的规律，指导配气系统设计和优化选型。从模型简化过程来分类，配气机构可以分为单自由度动力学模型、多自由度动力学模型和连续体动力学模型。单自由度模型（多自由度模型）顾名思义，采用质量、弹簧元件建立配气机构单个（多个）自由度的动力学模型，进而进行动力学响应求解，是配气机构动力学的基本分析方法。连续体模型是近年来随着解析与半解析方法的发展提出的，配气机构被简化为梁、杆、弹簧等元件。不同的简化模型将影响分析结果的精细程度，并导致求解自由度不同，进而影响求解精度与规模，需要根据设计的不同阶段和分析目标合理选用。

单自由度动力学模型用一个集中质量 m_0 的运动来描述气阀的运动，这个集中质量包含了配气机构所有运动构件的质量份额，包括挺柱、推杆、摇臂、气阀及气阀弹簧等，如图1-4(b) 所示。其中，K_0 和 m_0 分别为配气机构的等效刚度和等效质量。K_0 可以采用实验方法测取，也可以采用数值模拟计算得到。单自由度系统以凸轮升程为输入，以气阀位移为输出，采用能量守恒法或模态匹配法进行质量等效。该方法的优点在于结构简单、待定参数少，参数都可以通过理论与试验方法测定；缺点是仅能反映气门运动规律，且当量质量集中了配气机构所有零部件质量，会造成计算结果与实际情况产生偏差。

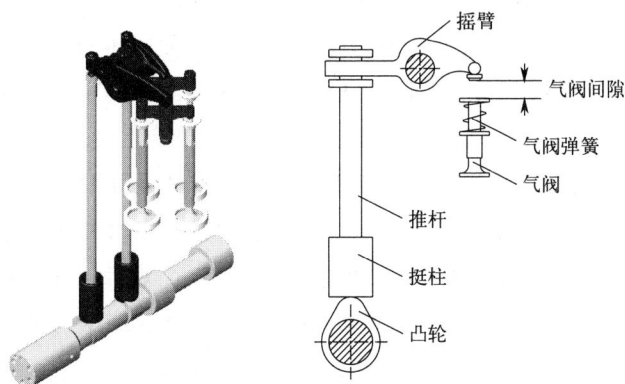

(a) 典型的配气机构及其构成

图 1-4

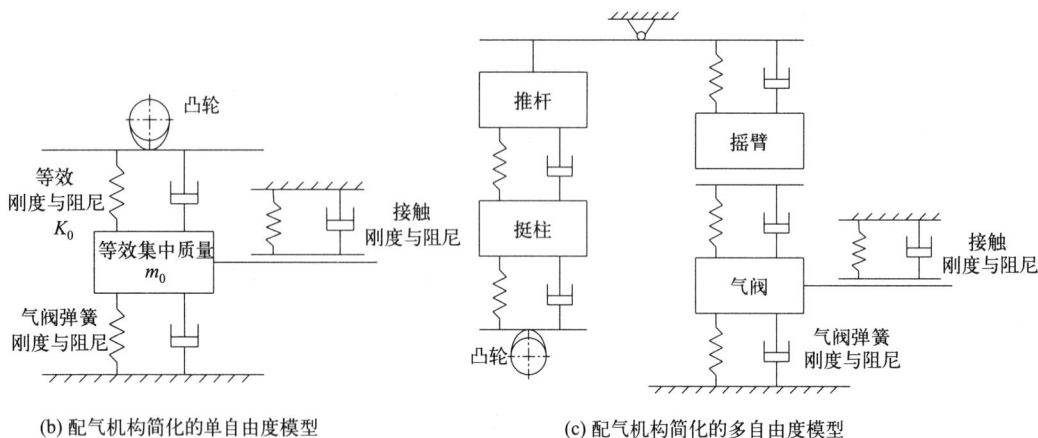

(b) 配气机构简化的单自由度模型　　　　　(c) 配气机构简化的多自由度模型

图 1-4　配气机构结构形式及其动力学模型

与之相比，将配气机构每个部件单独简化成一个集中质量，可以形成多自由度模型。如图 1-4(c) 所示的配气机构多自由度动力学模型，可以准确地反映配气机构零部件运动规律，尤其是将各零部件之间的间隙与相互作用力考虑进来，进而可用于研究配气机构动力学参数变化特性。目前也有较多文献使用多体动力学模型和有限元法研究配气机构动力学。

1.2.3　齿轮传动机构

燃料在燃烧室内燃烧产生周期变化的压力，由曲柄连杆机构带动曲轴旋转，对外部负载做功；与此同时，内燃机的配气机构、喷油泵、水泵等设备须通过传动机构进行正时驱动，共同实现内燃机正常运转。依照内燃机总体尺寸与功能性等需求，传动方式可分为齿轮传动、链传动、带传动等。由于齿轮系统在正时上的优势，且传递转矩大、可靠性高，较多的中高速内燃机均采用齿轮传动方式，齿轮传动机构的运动学与动力学计算对内燃机总体设计、确保功能性起到较重要作用，典型的齿轮传动机构如图 1-5(a) 所示。曲轴通过齿轮将转矩传递给惰轮，进而带动凸轮轴转动；同时带动一级、二级平衡轴齿轮以及其他附属设备运转。

研究齿轮传动系统动力学规律有利于保证内燃机本体及外围系统运行平稳，减少齿轮啮合激励产生的振动噪声。传统齿轮传动系统运动学规律可以由刚体的定轴转动、轮系传动比计算出来，如图 1-5(b) 所示。传动比 i 可以用 $i = \omega_1 / \omega_2$ 表示。式中，ω_1 为主动轮角速度，ω_2 为从动轮角速度。在此基础上发展了以 Hertz 弹性接触理论为基础的动力学计算方法。齿轮传动系统是一个由多个齿轮及传动轴、轴承等构件组成的弹性机械系统。若齿轮的传动轴、支撑轴承和内燃机端板的支撑刚度相对较大，则可以不考虑它们的弹性，可将齿轮系统简化成纯扭转振动模型，如图 1-5(c) 所示。考虑传动轴和支撑轴承的弹性时，由于齿轮啮合的耦合效应，须建立弯扭耦合振动分析模型，一般称为啮合耦合分析模型。若再考虑内燃机端板及其他支撑的影响，可以考虑建立齿轮-转子-支撑系统的动力学模型，如图 1-5(d) 所示，将轴系、支撑以及齿轮啮合联合考虑。近年来，随着仿真方法的进步，也有较多学者基于非线性有限元方法模拟齿轮传动的弹塑性变化过程，计算时还可考虑齿轮啮合间隙的变化。

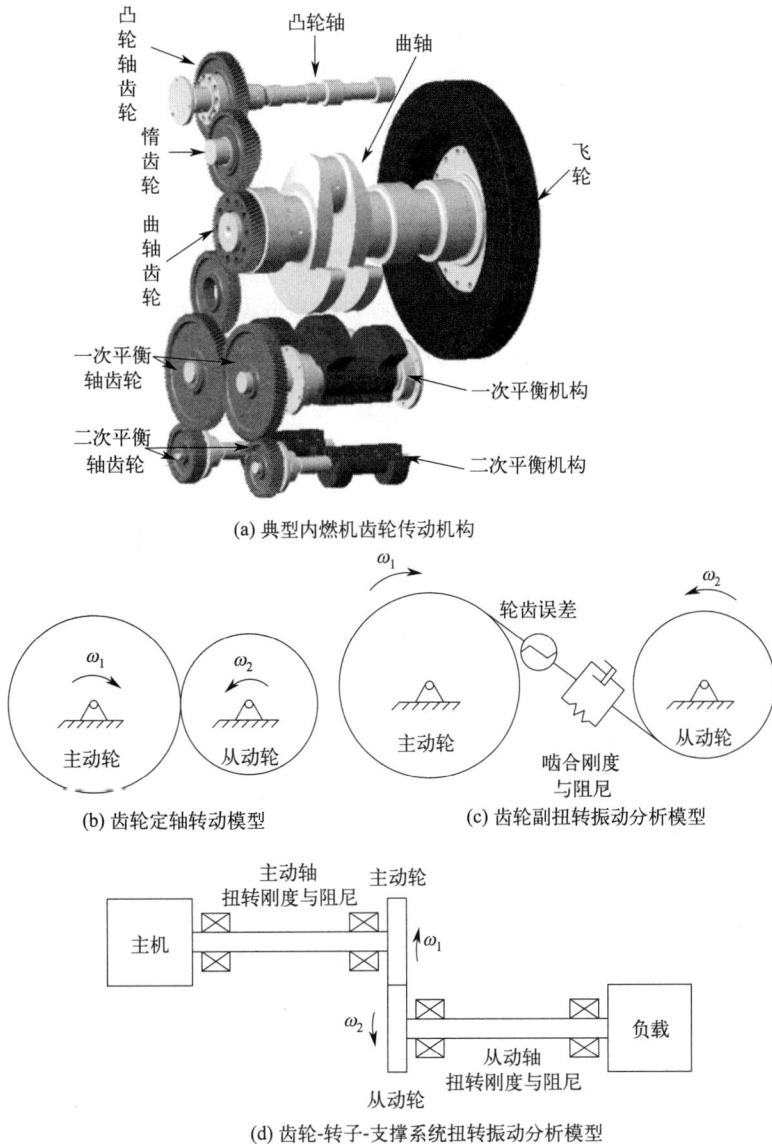

(a) 典型内燃机齿轮传动机构

(b) 齿轮定轴转动模型　　(c) 齿轮副扭转振动分析模型

(d) 齿轮-转子-支撑系统扭转振动分析模型

图 1-5　齿轮传动系统结构图及动力学模型

1.2.4　燃油系统

内燃机燃油系统的作用是将一定量的纯净燃油以足够高的压力，在准确的时间内喷入气缸，并与压缩的气体充分混合，以保证气缸内燃烧的进行。典型的内燃机直接喷射式供油系统如图 1-6(a) 所示。燃油由油箱 1 流过粗滤器 2 进入低压输油泵 3，以 0.2～0.4MPa 的压力经旁通阀 4 到精滤器 5，再到喷油泵 6。喷油泵将燃油压缩至较高的压力（50～200MPa

左右），然后，燃油通过高压油管 7 进入喷油器 8，最后喷入气缸。喷油泵之前的部分，燃油压力较低，称为低压油路；由喷油泵、高压油管、喷油器组成的为高压油路。

燃油系统动力学主要研究系统中凸轮轴、柱塞、针阀等的运动规律。常见的柱塞式喷射系统如图 1-6（b）所示。供油凸轮 1 驱动滚轮和挺柱 2，再顶推柱塞 3 进行压油，低压燃油被压缩后从出油阀 4 经高压油管 5 进入喷油器 6，当压力达到针阀 7 的开启压力后，经喷孔 8 将燃油喷入燃烧室。

喷油泵和喷油器之间的流体管道通过压力波动方程进行求解，其边界条件由喷油泵两端边界处的参数确定，喷油泵、喷油器边界的动力学模型如图 1-6（c）所示。m_v、m_n 分别为出油阀组件和针阀组件的等效集中质量；x_v、x_n 分别对应两者的位移；K_v、K_n 分别为出油阀组件和针阀组件的刚度系数；V_p、P_p 分别为柱塞腔室的容积和燃油压力；V_v、P_v 分别为出油阀腔室的容积和燃油压力；V_n、P_n 分别为针阀腔室的容积和燃油的压力；F_p、F_v、F、F_n 分别为柱塞、出油阀、高压油管和针阀处的截面积；P_g 为缸内气体压力。

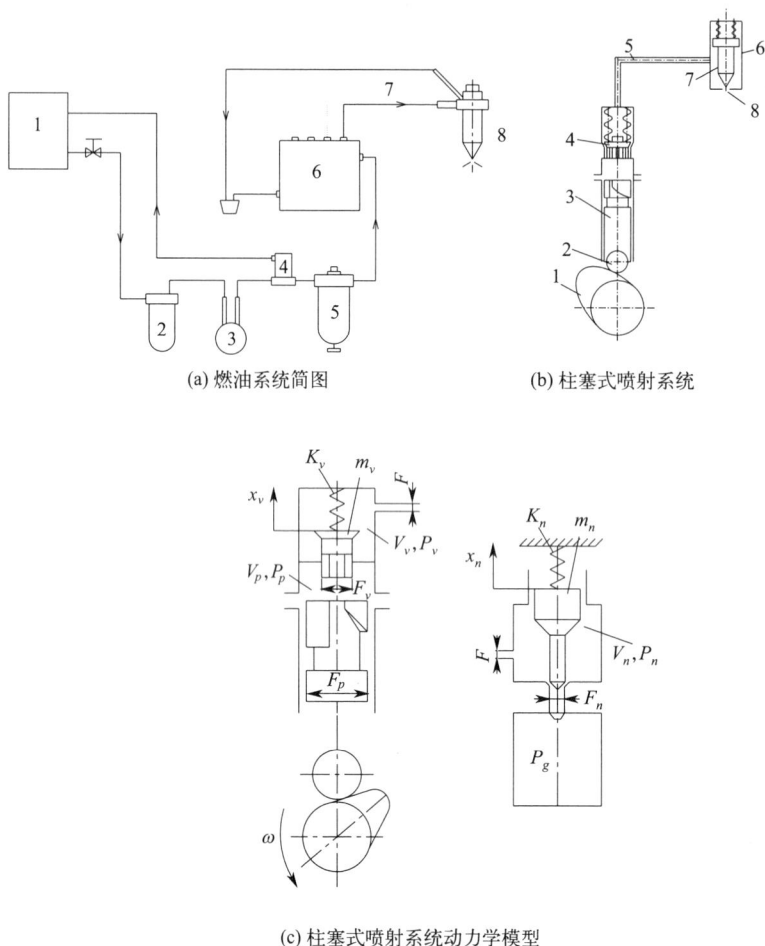

(a) 燃油系统简图　　　　(b) 柱塞式喷射系统

(c) 柱塞式喷射系统动力学模型

图 1-6　燃油系统结构图及动力学模型

在喷油泵处，凸轮驱动柱塞，会引起柱塞腔室内压力的变化，可通过连续性流动方程描述。同时，出油阀可等效为一个单自由度系统，柱塞腔室压力变化引起出油阀的位移，进而会导致出油阀腔室压力的变化，同样也可以通过连续性流动方程描述。在喷油器处，将针阀简化为一个单自由度系统，在针阀腔室内压力变化作用下升起、落座，压力变化通过连续性流动方程描述。油泵边界和喷油器的全部边界条件实际就是两种类型的方程，即连续性流动方程和质量运动方程。

1.3 内燃机动力学计算方法

1.3.1 质点力系方法

动力学中物体的抽象模型包括质点和质点系。质点是仅具有一定质量的、几何形状和尺寸大小都可以忽略不计的元素。质点系是由有限或无限个相互联系的质点组成的系统。质点运动学是将内燃机中各个零部件简化为质点，研究质点在某一个参考坐标系下的几何位置随时间变化的规律，包括质点的位移、速度、加速度等。质点动力学的理论基础是牛顿第一定律、牛顿第二定律、牛顿第三定律，并在此基础上形成质点平衡方程。

例如本书对内燃机曲柄连杆机构动力学进行分析，考虑到活塞组做平动运动，可以将其当量简化成位于其质心位置的质点；连杆组做平面运动，可以简化为分别位于连杆大、小端中心的两个质点，分别做平动和转动；曲轴简化为绕定轴转动的刚体，各质点之间通过无形的刚性杆件联系在一起，质点与杆件之间经由铰链连接。质点可以承受外力载荷（如气体压力和惯性力），杆件可以接受运动驱动。通过质点、铰链和杆件，该质点系既可以传递运动，也可以传递力。若已知气缸压力和各运动构件的惯性力，基于静力学分析方法，即可求得各个部位随曲柄转角变化的作用力。

对多缸机主轴承载荷进行分析时，采用简支梁法，将曲轴分为若干段刚体，每段分别作为支撑在两个轴承上的简支静定梁，完全排除相邻各缸对主轴承载荷的影响。自 20 世纪 70 年代中后期以来，设计人员越来越多地采用连续梁法计算主轴承载荷，其基本思路：将多拐曲轴当量转化为刚度阶梯变化的连续梁，在考虑弹性支撑等因素下，建立连续梁弯矩方程，求出当量连续梁各支撑处的弯矩，再以单个曲拐作为研究对象，求取在外力和支撑弯矩共同作用下的轴承载荷。其中，以三弯矩法和五弯矩法最为常用。

对曲柄连杆机构外的运动机构，同样采用质点力系分析方法，建立单自由度或多自由度质量-弹簧系统动力学微分方程。

$$m_i \ddot{x}_i + c_i \dot{x}_i + k_i x_i = F_i$$
$$I_i \ddot{x}_i + c_{ti} \dot{x}_i + k_{ti} x_i = M_i$$

式中，$i = 1, 2 \cdots$ 为自由度数；x_i 为质量 m_i 的广义坐标；c_i、k_i 分别为相应的阻尼系数和刚度系数；F_i 为相应广义坐标方向的广义力；I_i 为转动惯量；c_{ti}、k_{ti} 分别为相应的扭转阻尼系数和扭转刚度系数；M_i 为相应广义坐标方向的广义力矩。

对方程进行求解，根据具体的运动初始条件确定积分常数，最终计算得到各构件的位移、速度和加速度。

1.3.2 多刚体动力学方法

多刚体动力学方法源于 20 世纪 60 年代，多刚体系统由若干刚性构件通过约束相互连接而成，所谓刚性构件，即忽略了构件本身在运动过程中的微小变形。多刚体动力学主要针对刚性构件的运动学和动力学特性开展研究，其建模过程涉及矢量力学、分析力学等力学基本原理。至 20 世纪 80 年代中期，多刚体动力学系统建模理论趋于成熟，形成了牛顿-欧拉（Newton-Euler）方法、罗伯森-维滕堡（Roberson-Wittenburg）方法、拉格朗日（Lagrange）方程方法、凯恩（Kane）方法、变分法等建模方法。

对多刚体系统进行动力学研究时，需要描述刚体的位置信息，对此，航天与机械两大工程领域分别提出了不同的建模方法。航天领域将多刚体系统中每一对相互约束的刚体视为研究单元，取其中之一作为参照物，就可以按照约束方式通过拉格朗日坐标来描述另一个刚体的所在位置。而机械领域则是以系统中的每个刚体为单元，建立每个单元的坐标系，用整体坐标系进行位置描述，其单元位置坐标由笛卡儿坐标和方位坐标组成，用欧拉参数表示方位坐标。第一种建模方法更适用于带控制策略的多体系统动力学分析，例如传统的火炮与自动武器动力学分析就采用这种策略；第二种建模方法更适用于复杂机械系统的程序化。

在内燃机工程领域，内燃机曲柄连杆机构、齿轮传动机构、配气机构等运动机构都可以简化为独立的多刚体系统，进而基于多刚体动力学方法对其动力学特性开展研究。如图 1-7 所示，选取典型的单缸内燃机结构，基于多体动力学商用软件 ADAMS 建立了曲柄连杆机构的多刚体动力学模型。当然，基于多刚体系统动力学方法还可以将内燃机各种运动机构（如曲柄连杆机构、传动齿轮、凸轮轴、配气机构等）整合到一起进行研究，进而充分考虑各运动机构之间的相互影响。多刚体动力学计算中考虑了部件的材料与质量分布、部件的配合间隙、分布载荷等，与实际构件安装状态和边界条件更接近，这是质点力系法很难做到的。

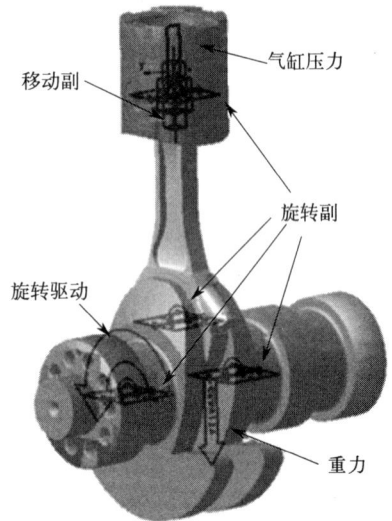

图 1-7 曲柄连杆机构多刚体动力学模型

1.3.3 多柔体动力学方法

刚体和柔体是对机构部件的模型化。刚体定义为结构内部质点间相对距离保持不变的质点系，柔体定义为考虑内部质点间距离变化的质点系。通常来说，刚体系统是指可以忽略系统中物体的弹性变形而将其当作刚体来处理的系统，该类系统常处于低速运动状态。柔体系统是指系统在运动过程中会出现物体的大范围运动与物体的弹性变形及之间的耦合，从而必须把物体当作柔体处理的系统，大型、轻质、高速运动的机械系统常属此类。从计算多体动力学系统角度看，多柔体动力学的数学模型显然可以与多刚体系统与结构动力学有一定的兼容性，当系统中的柔体变形可以忽略不计时，系统即退化为多刚体系统。

在多刚体系统的基础上，进一步考虑系统中某些构件的变形，就能得到多柔体系统。多刚体系统动力学着重研究组成系统的各刚性构件间的相对运动及相互作用；多柔体系统动力学以"柔性"为根本出发点，着重研究弹性体的变形与构件间的耦合作用，并研究此情况下的动力学响应，这比多刚体动力学更接近实际。

20 世纪 80 年代后，多体动力学研究更偏向于采用多柔体动力学方法，这个领域也正式被称为计算多体动力学。多柔体动力学的数学模型其实在一定程度上兼容了多刚体系统和结构动力学。当系统中的构件都无须考虑变形时，多柔体系统就退化为多刚体系统；当构件之间没有大范围的相对运动时，多柔体系统动力学问题可以转化为结构动力学问题。目前，应用最广泛的多柔体动力学方法是模态集成法，其基本思想是将柔体看作有限元模型节点的集合体。相对看来，局部坐标系内部的线性变形非常小，而局部坐标系进行大的非线性整体的平动及转动，将各个节点线性的局部运动简化为模态振型矢量进行线性叠加。

在内燃机工程领域中，基于多柔体动力学方法，就可以考虑运动机构的构件变形，并进行动力学特性分析，同时还可以对构件在整个运动过程中承受的动态应力进行分析。例如，在 1.3.2 节提及的曲柄连杆机构多刚体动力学模型基础上，联合有限元商用软件对曲轴、连杆进行柔化，就可以得到如图 1-8 所示的曲柄连杆机构多柔体动力学模型。

综合来看，与目前的多刚体动力学方法和多柔体动力学方法相比，传统的质点力系方法对分析对象的简化较大，对构件的变形、间隙、载荷等边界条件存在一定简化，但作为更为基础的理论研究方法，其思路清晰、使用方便，可以在内燃机运动机构的概念设计、总体设计中起到方向牵引作用，并在详细设计中起到指导作用，因此依然被广泛应用在内燃机工程领域。

图 1-8　曲柄连杆机构多柔体动力学模型

第2章

正置式曲柄连杆机构运动学与动力学

内燃机的曲柄连杆机构是由活塞、连杆和曲轴三个运动件组成的，它们构成了内燃机的主要传力构件，即将活塞的往复直线运动转换为曲轴的回转运动，从而带动负载做功。因此，曲柄连杆机构对内燃机能否正常运转，实现动力输出功能是非常重要的，在内燃机设计中必须优先考虑曲柄连杆机构的运动规律和受力状态，并进行计算分析优化，它也是内燃机动力学分析的基础。

本章以正置式曲柄连杆机构为主要研究对象，重点介绍正置式曲柄连杆机构运动学分析，包括活塞的位移、速度和加速度，连杆的摆角、角速度和角加速度；介绍正置式曲柄连杆机构的动力学以及输出转矩计算；给出带有十字头的长冲程低速内燃机的动力学计算过程；最后，以正置式内燃机为例，进行运动学与动力学计算流程与程序编制过程的介绍。

2.1 正置式曲柄连杆机构运动学分析

曲柄连杆机构运动学是研究在内燃机稳定工况下，活塞、连杆及曲轴的运动规律，具体包括活塞的位移、速度、加速度，连杆的摆角、角速度、角加速度等变量随曲轴转角的变化规律。

曲柄连杆机构运动学是内燃机动力学的基础，主要用于各部件运动规律获取、惯性力获取等，为后续动力学计算、平衡计算提供支撑。

2.1.1 活塞运动学分析

图 2-1 为正置（标准）式曲柄连杆机构的几何关系示意，用来推导本章涉及的活塞、连杆运动学计算公式。

图 2-1 中符号含义如下：A 为活塞销中心，B 为曲柄销中心，L 为连杆长度，R 为曲柄半径，S 为活塞行程（如图显示，$S=2R$。因为 B 在 B_1 时 A 在 A_1，B 在 B_2 时 A 在 A_2，所以 $S=\overline{A_1A_2}=\overline{B_1B_2}=2R$），$\alpha$ 为曲柄转角，β 为连杆摆角，x 为活塞位移。

此外，在下面的公式推导中还常用到曲柄半径与连杆长度比，即 $\lambda=R/L$。该参量是动力学计算中的一个较重要的参数。

对几个变量的符号规定如下：从内燃机自由端看，曲柄顺时针方向回转时，从气缸中心线起顺时针方向度量的 α 为正；从气缸中心线向右度量的 β 为正；从上止点位置 A_1 指向曲轴回转中心度量的 x 为正；反之均为负。

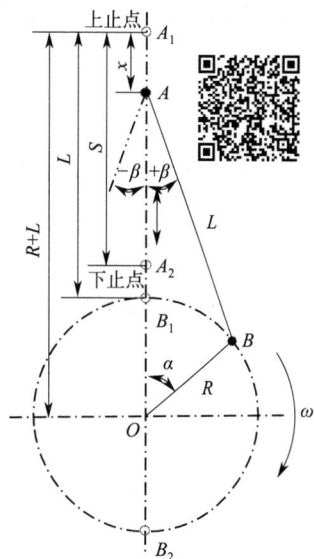

图 2-1 曲柄连杆机构的
几何关系示意

（1）活塞位移

按图 2-1 的几何关系，易得

$$x=OA_1-OA=(R+L)-(R\cos\alpha+L\cos\beta)=R(1-\cos\alpha)+L(1-\cos\beta) \tag{2-1}$$

式（2-1）中有 α 和 β 两个变量，为了简化求解，下面将活塞位移表示为单一曲柄转角的函数。同样根据图 2-1 的几何关系，由正弦定理易得 $\dfrac{R}{\sin\beta}=\dfrac{L}{\sin\alpha}$，故

$$\frac{\sin\beta}{\sin\alpha}=\frac{R}{L}=\lambda \tag{2-2}$$

从而

$$\cos\beta=\sqrt{1-(\sin\beta)^2}=\sqrt{1-\lambda^2(\sin\alpha)^2} \tag{2-3}$$

将其代入式（2-1）中即有

$$x=R(1-\cos\alpha)+L\left[1-\sqrt{1-\lambda^2(\sin\alpha)^2}\right] \tag{2-4}$$

式（2-1）、式（2-4）均为**活塞位移的精确公式**。前者包含两个变量 α 和 β，后者只含变量 α，可依照计算过程酌情选用。

显然，活塞位移的精确公式形式复杂，式中包含了平方、开方与三角运算，而工程应用往往在追求相对准确计算结果的前提下，要求计算公式尽量简单，因此，可对活塞位移精确公式进行适当简化，按二项式定理 $\left(y=\sqrt{1-x^2}=1-\dfrac{1}{2}x^2-\dfrac{1}{2\times4}x^4-\dfrac{1\times3}{2\times4\times6}x^6-\cdots\right)$ 可将式（2-3）展开为级数形式，即

$$\cos\beta=1-\frac{1}{2}\lambda^2(\sin\alpha)^2-\frac{1}{2\times4}\lambda^4(\sin\alpha)^4-\frac{1\times3}{2\times4\times6}\lambda^6(\sin\alpha)^6-\cdots$$

因为内燃机的 λ 值通常比较小，一般小于 $\dfrac{1}{3.5}$，故可考虑省略 λ^4 及其后各项，则有

$$\cos\beta=\sqrt{1-\lambda^2(\sin\alpha)^2}=1-\frac{1}{2}\lambda^2(\sin\alpha)^2$$

将上式代入式(2-1)，得到常用的计算**活塞位移的近似公式**，即

$$x=R(1-\cos\alpha)+\frac{1}{2}R\lambda(\sin\alpha)^2=R(1-\cos\alpha)+\frac{R\lambda}{4}(1-\cos2\alpha) \tag{2-5}$$

下面对两公式的误差进行分析，考查当 λ 为定值（如 $\lambda=\dfrac{1}{3.5}$）时，近似公式与精确公式[式(2-1)和式(2-4)]的差值的量级。

将式(2-4) 和式(2-5) 做差，即

$$x_\Delta=L\left[1-\sqrt{1-\lambda^2(\sin\alpha)^2}\right]-\frac{R\lambda}{4}(1-\cos2\alpha)$$

$$=\frac{R}{\lambda}\left[1-\sqrt{1-\lambda^2(\sin\alpha)^2}\right]-\frac{R\lambda}{4}(1-\cos2\alpha)$$

$$=R\left\{\frac{1}{\lambda}\left[1-\sqrt{1-\lambda^2(\sin\alpha)^2}\right]-\frac{\lambda}{4}(1-\cos2\alpha)\right\}$$

显然，x_Δ 的最大值在 $\dfrac{\mathrm{d}x_\Delta}{\mathrm{d}\alpha}=0$ 时出现，因此有

$$\frac{\mathrm{d}x_\Delta}{\mathrm{d}\alpha}=R\left[\frac{1}{\lambda}\times\frac{1}{2}\times\frac{2\lambda^2\sin\alpha\cos\alpha}{\sqrt{1-\lambda^2(\sin\alpha)^2}}-\frac{\lambda}{4}\times2\sin(2\alpha)\right]$$

$$=R\lambda\sin(2\alpha)\left[\frac{1}{2\sqrt{1-\lambda^2(\sin\alpha)^2}}-\frac{1}{2}\right]$$

当 $\sin(2\alpha)=0$ 或者 $\sin\alpha=0$ 时，x_Δ 有极值，此时 $\alpha=\dfrac{n\pi}{2}$。当 $\alpha=0°$时，$x_\Delta=0$，为极小值；当 $\alpha=90°$时，$x_\Delta=R\left[\dfrac{1}{\lambda}\left(1-\sqrt{1-\lambda^2}\right)-\dfrac{1}{2}\lambda\right]$，取 $\lambda=\dfrac{1}{3.5}$时，计算得 $x_\Delta=0.003041R$，为极大值。

上述计算说明采用近似公式，即式（2-5），某活塞位移的最大误差仅为 $0.003041R$，这在工程问题中具有足够的精确度。

借助现有的专业绘图软件与程序，如 Office Excel、Matlab、Fortran 等，可以绘制活塞位移精确式与近似式曲线，如图 2-2(a) 所示，两条曲线基本重合。图 2-2(b) 给出了精确式与近似式的差值曲线，显然在 $\alpha=\dfrac{n\pi}{2}$ 处取极值。

此外，活塞的位移曲线亦可由勃力克斯作图法画出，这种方法是以近似公式，即式(2-5) 为依据的，可直接通过手绘作图得到。具体作图过程如下：

a. 以 $\overline{OB}=R$ 为半径作曲柄图；

b. 自 O 点向下止点方向量取 $\overline{OO'}=\dfrac{R\lambda}{2}$ 得 O' 点；

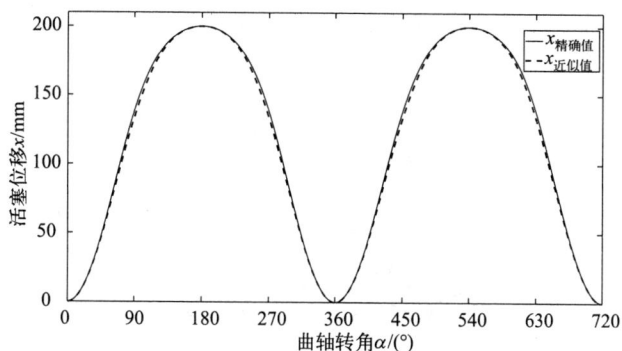

(a) 精确式与近似式曲线

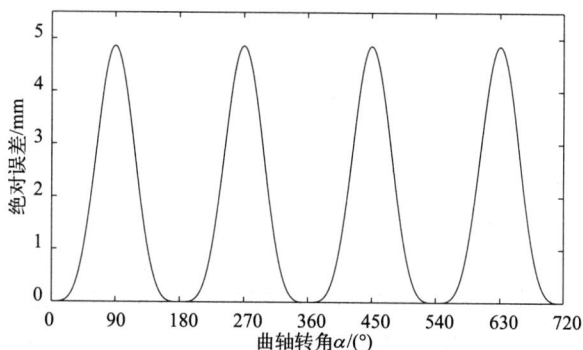

(b) 精确式与近似式绝对误差

图 2-2　活塞位移曲线（$R=100$mm，$L=150$mm）

c. 自 O' 作 $\overline{OB}$ 的平行线 $\overline{O'C}$ 交曲柄圆于 C 点；

d. 自 C 点向气缸中心线投影得 C' 点，则 $\overline{B_1C'}$ 为曲柄转角为 α 时的活塞位移 x。

自 0°开始至一个循环终止，按照选定步长遍历 α，可求得一系列的 x 值，从而画出 α-x 曲线，如图 2-3 所示。

勃力克斯作图法理论依据如下。

设 $\angle BOC=\gamma$，由图 2-3 得

$$\overline{B_1C'}=\overline{B_1O}-R\cos(\alpha+\gamma)$$
$$=\overline{B_1O}-R(\cos\alpha\cos\gamma-\sin\alpha\sin\gamma)$$

在 $\triangle OCO'$ 中，利用正弦定理，得 $\sin\gamma=\dfrac{\overline{OO'}}{R}\sin\alpha=\dfrac{\lambda}{2}\sin\alpha$，又因为 γ 角较小，故可近似认为 $\cos\gamma=1$，于是

$$\overline{B_1C'}=R-R\left[\cos\alpha-\frac{\lambda}{2}(\sin\alpha)^2\right]$$
$$=R(1-\cos\alpha)+\frac{R\lambda}{4}\left[1-\cos(2\alpha)\right]$$

该式与活塞位移的近似式完全一致，证明线段 $\overline{B_1C'}$ 的长度可替代任意曲柄转角下的活塞位移。

对活塞位移的近似公式进行分析，其可视为两个简谐位移量 x_1、x_2 之和，如图 2-4 所

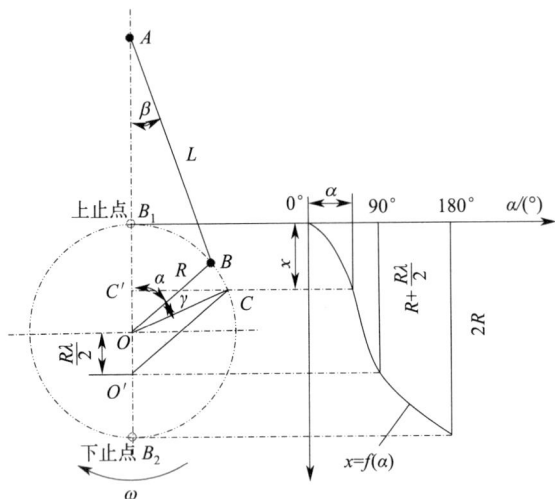

图 2-3 活塞位移作图法

示，其中 $x_1 = R(1 - \cos\alpha)$，$x_2 = \dfrac{R\lambda}{4}[1 - \cos(2\alpha)]$。

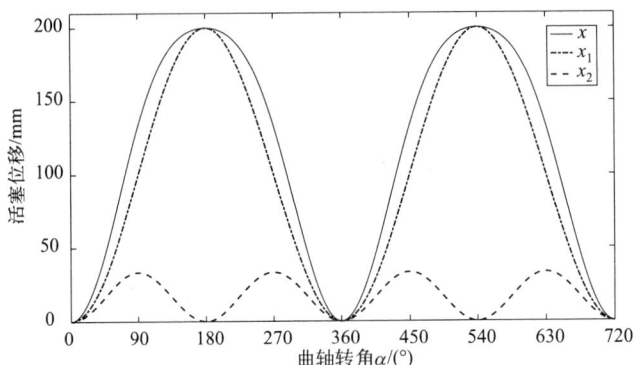

图 2-4 活塞位移曲线及其构成 （$R = 100\text{mm}$，$L = 150\text{mm}$）

显然 $x_1 \geqslant 0$，$x_2 \geqslant 0$。又当 $\alpha = 90°$ 时，$x = x_1 + x_2 = R + \dfrac{R\lambda}{2}$，这说明当 α 转过 $90°$ 时，活塞的位移超过半个行程 R，亦即在 $\alpha \leqslant 90°$ 时，虽然 $x_1 < R$，但由于 $x_2 > 0$ 的补充，已使 $x = x_1 + x_2 = R$，活塞已运动至行程一半处。

如式（2-5）所示，在相同曲柄转角的情况下，x_2 随着 $\dfrac{R\lambda}{4}$ 数值的增加，活塞越早到达行程一半处。如要使 $\dfrac{R\lambda}{4}$ 的数值变大，则曲柄半径要取大，而连杆长度要取小。

显然对于活塞位移，x_1 的数值是活塞位移的主体成分，改变曲柄半径对活塞位移曲线的影响较大；而 x_2 数值较小，可看作 x_1 的补充，因此连杆长度的变化对活塞位移曲线的影响较小，如图 2-5（a）、（b）所示。

（2）活塞速度

活塞的位移公式求得以后，速度可以通过位移函数对时间求一阶导数来求解。由式

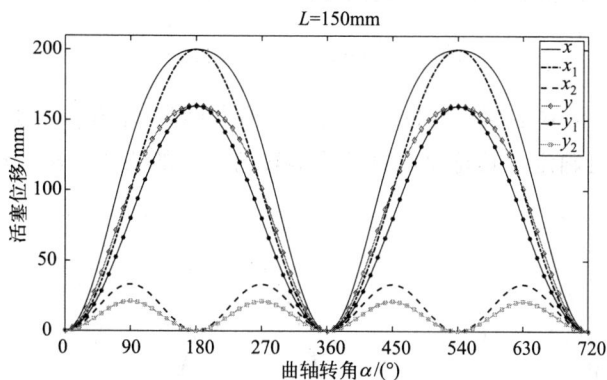

$L=150\text{mm}$

(a) 曲柄半径的影响(x对应$R=100\text{mm}$，y对应$R=80\text{mm}$)

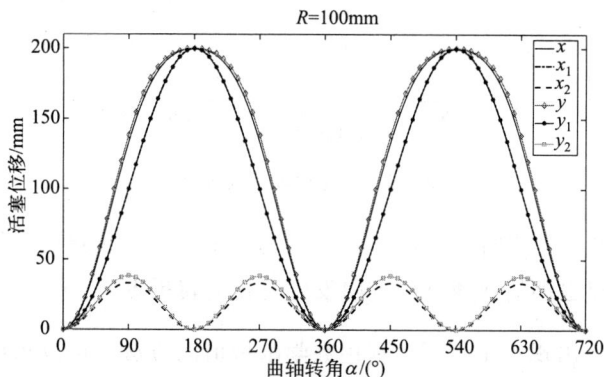

$R=100\text{mm}$

(b) 连杆长度的影响(x对应$L=150\text{mm}$，y对应$L=130\text{mm}$)

图 2-5　活塞位移变化曲线

（2-1）得

$$v=\frac{\mathrm{d}x}{\mathrm{d}t}=R\left(0-\frac{\mathrm{d}\cos\alpha}{\mathrm{d}\alpha}\frac{\mathrm{d}\alpha}{\mathrm{d}t}\right)+L\left(0-\frac{\mathrm{d}\cos\beta}{\mathrm{d}\beta}\frac{\mathrm{d}\beta}{\mathrm{d}\alpha}\frac{\mathrm{d}\alpha}{\mathrm{d}t}\right)$$

$$=R\omega\sin\alpha+L\omega\sin\beta\,\frac{\mathrm{d}\beta}{\mathrm{d}\alpha}\tag{2-6a}$$

利用式（2-2），得 $\cos\beta\dfrac{\mathrm{d}\beta}{\mathrm{d}\alpha}=\lambda\cos\alpha$，即$\dfrac{\mathrm{d}\beta}{\mathrm{d}\alpha}=\dfrac{\lambda}{\cos\beta}\cos\alpha$，将其代入式（2-6a），得到

$$v=R\omega\left(\frac{\sin\alpha\cos\beta+\sin\beta\cos\alpha}{\cos\beta}\right)$$

利用三角函数关系合并同类项，得

$$v=R\omega\left[\sin\alpha+\frac{\lambda}{2}\sin(2\alpha)\sec\beta\right]\tag{2-6b}$$

上式亦可写作

$$v=R\omega\,\frac{\sin(\alpha+\beta)}{\cos\beta}\tag{2-6c}$$

显然式（2-6b）、式（2-6c）两式等价，与活塞位移相对应，两式称为**活塞速度的精确公式**。活塞速度符号的选定是自上止点向下运动为正，反之为负。

再由式(2-5) 较易推得**活塞速度的近似公式**

$$v = R\omega \left[\sin\alpha + \frac{\lambda}{2} \sin(2\alpha) \right] \tag{2-7}$$

由式(2-7) 可见，活塞运动速度也近似由两个简谐函数 v_1 和 v_2 构成。当位移方向确定以后，速度的方向亦可确定，其符号取决于曲柄转角，它的曲线如图 2-6 所示。

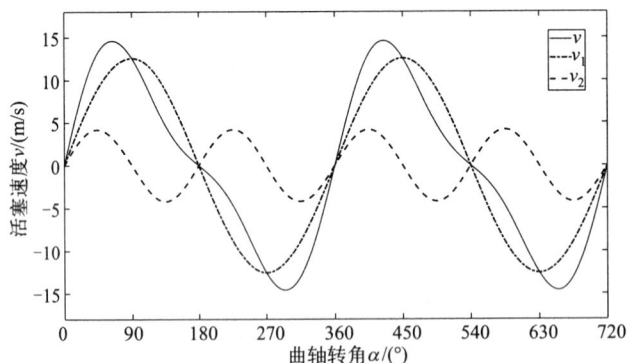

图 2-6　活塞速度变化曲线

由式(2-7) 显然可知，若曲轴旋转 $360°$，活塞位于上、下止点时，活塞速度为 0（此时 $\alpha = 0°$ 或 $180°$），这两点也即活塞速度的方向发生变化的转折点。

活塞速度极值并不出现于 $\alpha = \dfrac{n\pi}{2}$，利用数学求极值的方法，可以求出活塞的最大运动速度，以及该速度出现时对应的曲柄转角。令 $\dfrac{\mathrm{d}v}{\mathrm{d}\alpha} = 0$，由近似式，即式(2-7)

$$\frac{\mathrm{d}v}{\mathrm{d}\alpha} = R\omega \left[\cos\alpha + \lambda\cos(2\alpha) \right] = 0$$

化简可得

$$2\lambda\cos^2\alpha + \cos\alpha - \lambda = 0$$

解得，$\cos\alpha = \dfrac{1}{4\lambda}\left(-1 \pm \sqrt{1+8\lambda^2}\right)$。其中一个根 $\left| \dfrac{1}{4\lambda}\left(-1-\sqrt{1+8\lambda^2}\right) \right| > \left| \dfrac{1}{4\lambda}(-1-1) \right| = \dfrac{1}{2\lambda}$。当 $\lambda < \dfrac{1}{2}$ 时，该根大于 1，而一般 λ 均小于等于 $\dfrac{1}{2}$，该根不合理。故仅取

$$\cos\alpha = \frac{1}{4\lambda}\left(\sqrt{1+8\lambda^2}-1\right) \tag{2-8}$$

因此使活塞速度取极值的 α 为

$$\alpha_{v_{\max}} = \arccos\left[\frac{1}{4\lambda}\left(\sqrt{1+8\lambda^2}-1\right) \right]$$

将其代入活塞速度公式，解得速度极值为

$$v_{\max} = R\omega\sqrt{\left(1-\frac{1}{16\lambda^2}\right)\left(\sqrt{1+8\lambda^2}-1\right)^2\left(\frac{3}{4}+\frac{1}{4}\sqrt{1+8\lambda^2}\right)} \tag{2-9}$$

由式(2-8) 可知 $\alpha_{v_{\max}} < 90°$（余弦大于 0），即活塞的最大速度出现在曲柄转角为 $90°$ 之前。这也可由精确公式，即式(2-6c) 来验证：近似认为 $\cos\beta = 1$，则 $v = R\omega\sin(\alpha+\beta)$，所

以当 $\alpha+\beta=90°$ 时，$v=v_{\max}$，显然这时 $\alpha<90°$。

当 $\alpha+\beta=90°$ 时，连杆中心线与曲柄垂直，如图 2-7 所示，此时

$$\cos\beta = \frac{L}{\sqrt{L^2+R^2}} = \frac{1}{\sqrt{1+\lambda^2}}$$

而 $v_{\max} = \frac{R\omega}{\cos\beta} = \pm R\omega\sqrt{1+\lambda^2}$，取 $\pm$ 号是因为此速度可由活塞下行和活塞上行两个方向达到。

活塞速度除 $v_{\max}$ 之外，还有一个重要的参数，即活塞的平均速度 C_m，它是反映内燃机强化指标和磨损的一个重要参数。C_m 增大，则内燃机功率提高，但同时零部件的机械负荷和热负荷增加，导致磨损增强，使零部件寿命受到影响。

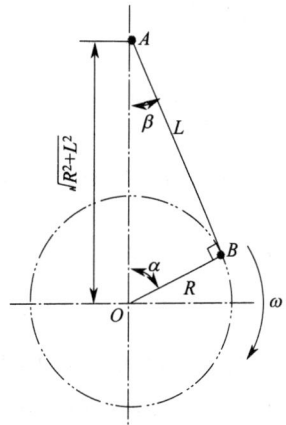

图 2-7 活塞速度最大时曲柄连杆所处的位置

活塞的平均速度有两种求法。

方法一：利用活塞速度的精确公式。

$$
\begin{aligned}
C_m &= \frac{1}{\pi}\int_0^\pi R\omega\left[\sin\alpha + \frac{\lambda}{2}\sin(2\alpha)\sec\beta\right]\mathrm{d}\alpha \\
&= \frac{R\omega}{\pi}\int_0^\pi\left[\sin\alpha + \frac{\lambda}{2}\frac{\sin(2\alpha)}{\sqrt{1-\lambda^2\sin^2\alpha}}\right]\mathrm{d}\alpha \\
&= \frac{R\omega}{\pi}(-\cos\alpha\mid_0^\pi) + \frac{R\omega}{2\pi\lambda}\int_0^\pi\frac{\mathrm{d}(\lambda^2\sin^2\alpha)}{\sqrt{1-\lambda^2\sin^2\alpha}} \\
&= \frac{2R\omega}{\pi} + \frac{R\omega}{2\pi\lambda}(-\sqrt{1-\lambda^2\sin^2\alpha})\mid_0^\pi \qquad\qquad (2\text{-}10) \\
&= \frac{S\omega}{\pi} + 0 \\
&= \frac{S}{\pi}\times\frac{2\pi n}{60} \\
&= \frac{Sn}{30}
\end{aligned}
$$

如式(2-10)所述，活塞的平均速度与 λ 无关，只取决于冲程 S 及转速 n 两个量。

方法二：利用曲轴转速来求 C_m。

$$C_m = n\frac{2S}{60} = \frac{nS}{30}(\text{每一转活塞移动 } 2S \text{ 距离})$$

活塞速度曲线可由计算机软件作出，这里不再详述。

（3）**活塞加速度**

速度响应函数对时间的一阶导数，即为加速度函数。依此，将活塞速度公式，即式(2-6c)对时间求一次导数，得到

$$a = \frac{\mathrm{d}v}{\mathrm{d}t} = \frac{\mathrm{d}v}{\mathrm{d}\alpha}\times\frac{\mathrm{d}\alpha}{\mathrm{d}t}$$

$$= R\omega^2\left[\cos(\alpha+\beta)\left(1+\frac{d\beta}{d\alpha}\right)\cos\beta-(-\sin\beta)\frac{d\beta}{d\alpha}\sin(\alpha+\beta)\right]/\cos^2\beta$$

$$= R\omega^2\left\{\cos(\alpha+\beta)\cos\beta+\left[\cos(\alpha+\beta)\cos\beta+\sin(\alpha+\beta)\sin\beta\right]\frac{d\beta}{d\alpha}\right\}/\cos^2\beta$$

$$= R\omega^2\left[\cos(\alpha+\beta)/\cos\beta+\cos\alpha\frac{d\beta}{d\alpha}/\cos^2\beta\right]$$

根据前面的推导，$\dfrac{d\beta}{d\alpha}=\lambda\dfrac{\cos\alpha}{\cos\beta}$，代入上式，得到

$$a=R\omega^2\left[\cos(\alpha+\beta)/\cos\beta+\lambda\cos^2\alpha/\cos^3\beta\right] \tag{2-11}$$

这就是**活塞加速度的精确公式**。

再对式(2-7)求一次导数，可得**活塞加速度的近似公式**

$$a=R\omega^2\left[\cos\alpha+\lambda\cos(2\alpha)\right] \tag{2-12}$$

规定加速度的方向为自上止点向下指向曲轴回转中心为正，反之为负，与活塞位移方向定义相同（活塞总在回转中心上方）。

由上式可见，活塞加速度也可近似地认为由两个简谐函数 a_1 和 a_2 组成，如图 2-8 所示。其中，$a_1=R\omega^2\cos\alpha$，定义为一次简谐加速度；$a_2=R\omega^2\lambda\cos(2\alpha)$，定义为二次简谐加速度。

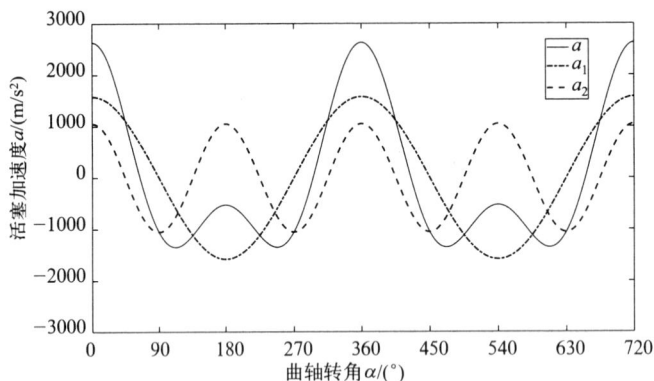

图 2-8　活塞加速度曲线

加速度的极值及其出现时的曲柄转角可由求极值的方法求得，与活塞速度极值求解过程相同。

基于近似式，即式(2-12)，令 $\dfrac{da}{d\alpha}=0$，有

$$\sin\alpha+\lambda\cdot 2\sin(2\alpha)=0$$

$$\sin\alpha(1+4\lambda\cos\alpha)=0$$

由 $\sin\alpha=0$，得到 $\alpha=0°$ 或 $\alpha=180°$ 时出现加速度极值[图 2-9(a)]。

① 当 $\alpha=0°$（上止点位置）时，$a=R\omega^2(1+\lambda)$，为正向最大值。

② 当 $\alpha=180°$ 时，$a=-R\omega^2(1-\lambda)$，为负向最大值。

另外还有一个极值，仅当 $1+4\lambda\cos\alpha=0$ 时出现[图 2-9(b)]。若上式成立，要求 $\lambda>\dfrac{1}{4}$，

此种情况下，$\cos\alpha = -\dfrac{1}{4\lambda}$，即 $\alpha = \arccos\left(-\dfrac{1}{4\lambda}\right)$，而

$$
\begin{aligned}
a &= R\omega^2\left[\cos\alpha + \lambda(2\cos^2\alpha - 1)\right] \\
&= R\omega^2\left[-\frac{1}{4\lambda} + \lambda\left(\frac{2}{16\lambda^2} - 1\right)\right] \\
&= -R\omega^2\left(\lambda + \frac{1}{8\lambda}\right)
\end{aligned}
\tag{2-13}
$$

此时加速度为最小值，$\cos\alpha = -\dfrac{1}{4\lambda} < 0$，故 $90° < \alpha < 270°$。

活塞加速度曲线可由计算机绘图软件作出，也可以基于托列法获得。

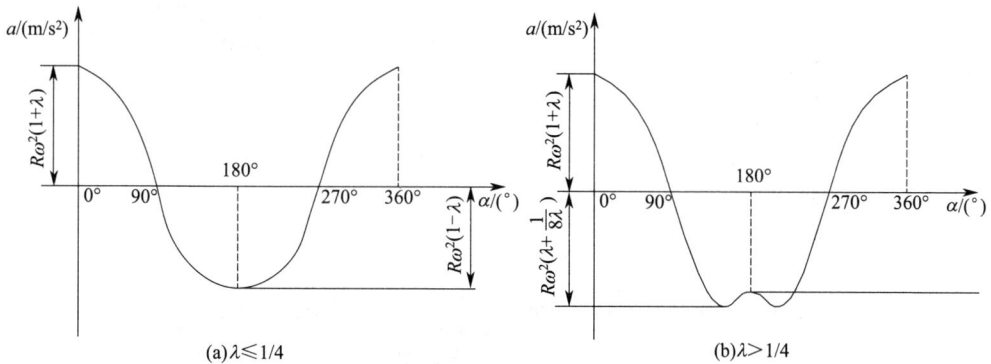

图 2-9　活塞加速度极值与 λ 的关系

（4）活塞位移、速度、加速度的多体动力学结果

如上所述，基于质点力系法可以通过精确公式和近似公式获得活塞位移、速度、加速度等，并可以得到各量随曲柄转角的对应关系。若采用 1.3.2 节中介绍的多体动力学方法，也可以通过建模与分析软件建立被分析对象的物理模型（图 1-7），并通过多体动力学方法进行活塞位移、速度、加速度的求解。两种方法在内燃机一个工作循环内的结果对比如图 2-10 所示。

如图 2-10 可知，多体动力学与质点力系法计算得到的活塞位移、速度与加速度曲线基本吻合。以活塞速度为例，多体动力学方法计算所得的活塞最大速度为 19.08m/s，质点力系法所得活塞的最大速度为 19.081m/s，可见两者差别非常小，也说明了质点力系法在工程计算中的准确程度。

2.1.2　连杆运动学分析

在内燃机工作时，连杆小端随活塞销沿气缸中心线做往复直线运动，大端则随曲柄销做回转运动，因此连杆所做的是一种平面运动，本小节主要介绍连杆的运动学公式与特性。

（1）连杆摆角

连杆绕活塞销中心摆动，对连杆这种平面运动形式，一般可单一选取摆角 β 来描述它的

(a) 活塞位移曲线

(b) 活塞速度曲线

(c) 活塞加速度曲线

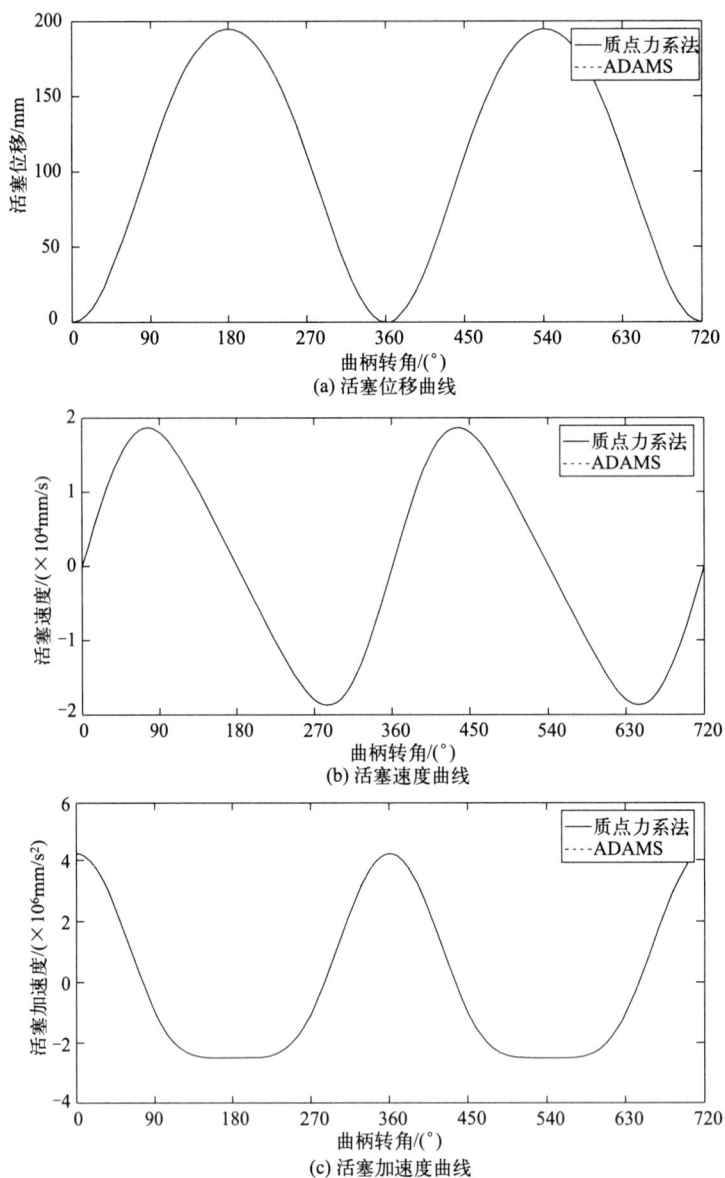

图 2-10　活塞位移、速度、加速度曲线的比较

运动，这样针对每一个曲柄转角，都可以定位到连杆所处的位置，由此，连杆运动可简化为单自由度模型用于分析。

由前文可知，有 $\sin\beta = \lambda\sin\alpha$，可得**连杆摆角的精确公式**，即

$$\beta = \arcsin(\lambda\sin\alpha) \tag{2-14}$$

上式较复杂，应对其化简。借助幂级数的通式

$$\arcsin x = x + \frac{1}{2} \times \frac{x^3}{3} + \frac{1\times3}{2\times4} \times \frac{x^5}{5} + \frac{1\times3\times5}{2\times4\times6} \times \frac{x^7}{7} + \cdots (|x| < 1)$$

代入式(2-14)，得

$$\beta = \lambda \sin\alpha + \frac{1}{6}\lambda^3 \sin^3\alpha + \frac{3}{40}\lambda^5 \sin^5\alpha + \cdots$$

因为 λ 值较小，省略 λ^3 及其后各项，得**连杆摆角的近似公式**，即

$$\beta = \lambda \sin\alpha \left(1 + \frac{1}{6}\lambda^2 \sin^2\alpha\right) \qquad (2\text{-}15)$$

显然，当 $|\sin\alpha| = 1$ 时，$|\beta|$ 取最大值，即当 $\alpha = 90°$ 或 $270°$ 时，有

$$\beta = \pm\lambda\left(1 + \frac{1}{6}\lambda^2\right) \qquad (2\text{-}16)$$

按前面的符号规定，曲柄顺时针旋转时，正号表示连杆处于气缸中心线右侧，负号表示连杆处于气缸中心线左侧。连杆摆角位移曲线及精确式与近似式的误差如图 2-11 所示。

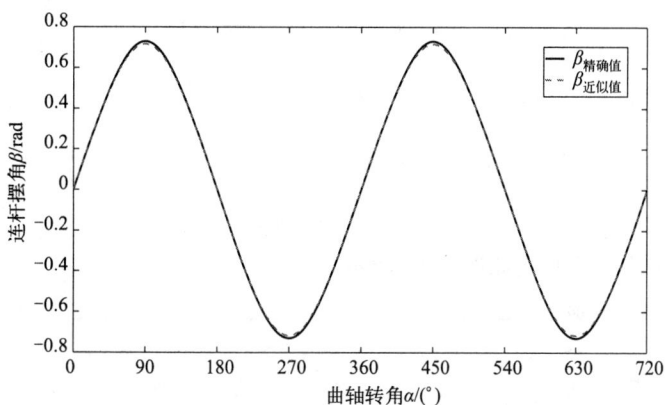

(a) 精确式与近似式曲线

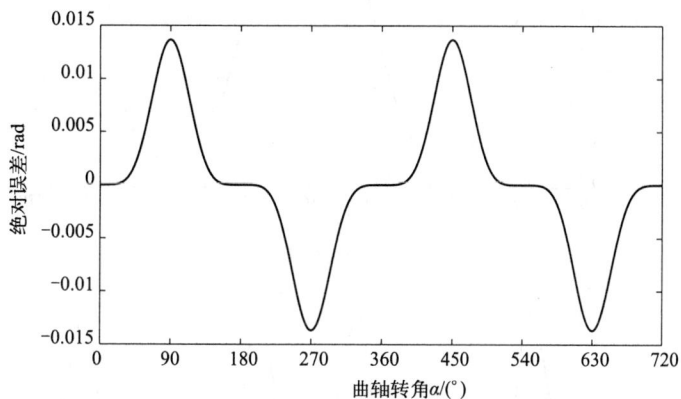

(b) 精确式与近似式绝对误差

图 2-11　摆角位移曲线图 ($R = 100\text{mm}$，$L = 150\text{mm}$)

（2）连杆摆角速度

连杆的摆角速度可以表示为连杆摆角对时间的一阶导数，如下式所述。

$$\dot{\beta} = \frac{\mathrm{d}\beta}{\mathrm{d}t} = \frac{\mathrm{d}\beta}{\mathrm{d}\alpha} \times \frac{\mathrm{d}\alpha}{\mathrm{d}t} = \omega\,\frac{\mathrm{d}\beta}{\mathrm{d}\alpha}$$

再利用前面已推导得到的 $\sin\beta = \lambda\sin\alpha$，求微分得到 $\dfrac{d\beta}{d\alpha} = \lambda\dfrac{\cos\alpha}{\cos\beta}$，代入得到连杆摆角速度的精确公式，即

$$\dot{\beta} = \omega\lambda\,\frac{\cos\alpha}{\cos\beta}$$

$$= \omega\lambda\,\frac{\cos\alpha}{\sqrt{1-\sin^2\beta}}$$

$$= \omega\lambda\cos\alpha\big/\sqrt{1-\lambda^2\sin^2\alpha} \qquad (2\text{-}17)$$

若基于连杆摆角近似式，即式(2-15)，则有连杆摆角速度的近似公式如下：

$$\dot{\beta} = \omega\lambda\cos\alpha + \frac{3}{6}\omega\lambda^3\sin^2\alpha\cos\alpha$$

$$= \omega\lambda\cos\alpha\left(1+\frac{1}{2}\lambda^2\sin^2\alpha\right) \qquad (2\text{-}18)$$

由 β 的表达式［式(2-14)］，无论 β 为何值，总有 $\cos\beta = \sqrt{1-\sin^2\beta}$，因此 $\cos\beta \geqslant 0$。容易得出规律：当 $\alpha = 0°$ 或 $180°$ 时，$\dot{\beta}$ 达到极值，即

$$\dot{\beta}_{\max} = \pm\omega\lambda$$

连杆摆角速度及误差曲线如图 2-12 所示。

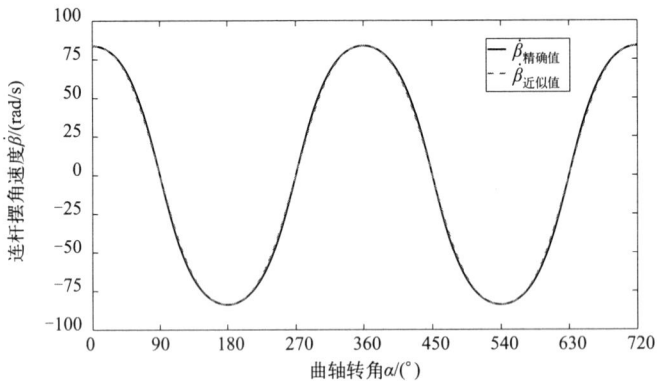

(a) 精确式与近似式曲线

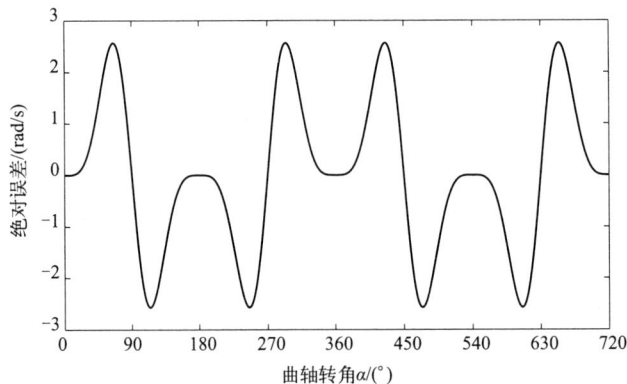

(b) 精确式与近似式绝对误差

图 2-12　摆角速度曲线图（$R=100\text{mm}$，$L=150\text{mm}$）

（3）连杆摆角加速度

对式(2-17)和式(2-18)分别求导，可得连杆摆角加速度的精确公式和近似公式，计算过程与前文相同，这里不做详述。

精确公式：

$$\ddot{\beta} = -\omega^2 \lambda (1-\lambda^2) \sin\alpha / (1-\lambda^2 \sin^2\alpha)^{\frac{3}{2}} \tag{2-19}$$

近似公式：

$$\ddot{\beta} = -\omega^2 \lambda \sin\alpha \left[1 + \frac{1}{2}\lambda^2 (1-3\cos^2\alpha) \right] \tag{2-20}$$

由于 $\cos\beta \geqslant 0$，所以由式(2-19) 得

$$\ddot{\beta} = -\omega^2 \lambda (1-\lambda^2) \sin\alpha / \cos^3\beta$$

可知，$\ddot{\beta}$ 的符号取决于 $\sin\alpha$ 的变化，从而可知，在 $0° < \alpha < 180°$ 范围内总有 $\ddot{\beta} \leqslant 0$，表明 $\ddot{\beta}$ 的方向总与 β 方向相反，并且当 $\alpha = 90°$ 时，角加速度存在极值。

$$\ddot{\beta}_{\max} = -\omega^2 \lambda (1-\lambda^2)^{-\frac{1}{2}}$$

连杆摆角加速度曲线如图 2-13 所示。

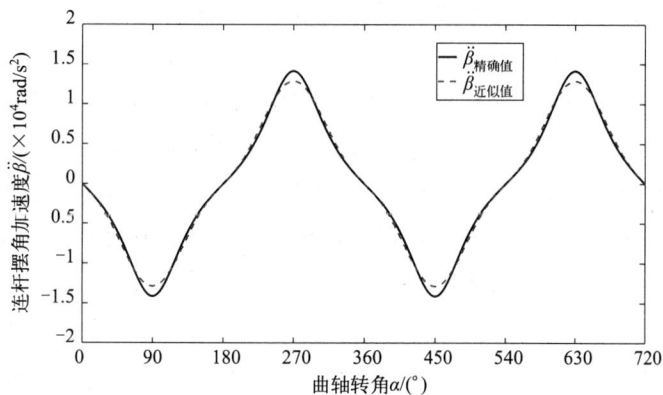

(a) 精确式与近似式曲线

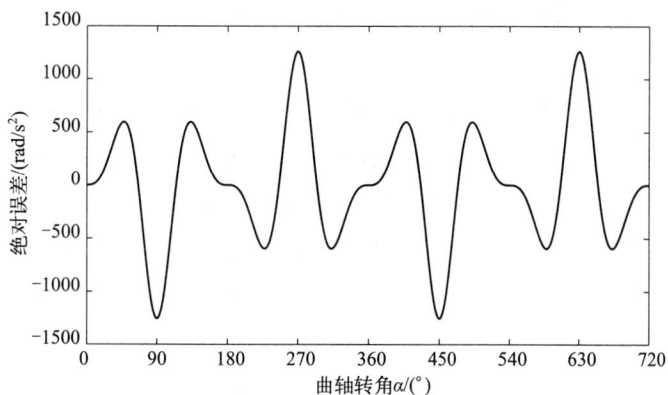

(b) 精确式与近似式绝对误差

图 2-13　摆角加速度曲线图 （$R=100$mm，$L=150$mm）

2.2 曲柄连杆机构惯性力的求解

已掌握曲柄连杆机构主要部件的运动学求解方法后，本节以单缸内燃机为例，进行曲柄-连杆机构的动力学计算准备，分析气缸压力与曲柄连杆机构惯性力。

对内燃机的各种运动机构来说，曲柄连杆机构的受力最为复杂，对已有文献进行梳理，总结曲柄连杆机构的作用力主要有以下几种。

① 气缸中的气体压力。

② 运动件的惯性力。

③ 运动件的重力。

④ 负载的反作用转矩及轴承的支反力。

⑤ 构件相对运动时产生的摩擦力，如活塞-缸套、各轴颈-轴承位置。

⑥ 缸内气体燃烧产生的温度梯度，进而带来的热应力。

下面对各作用力进行分析。其中，①、②两项是曲柄连杆机构上直接作用力的主要来源，①项与燃烧室结构、燃烧组织方式等有关，②项与各构件运动状态及质量分布有关；③项一般相对较小，通常在计算中可以忽略；④项中的反作用转矩在轴系扭转振动计算时需要考虑，机构的支反力在机体强度、振动与冲击计算中考虑；⑤项主要在摩擦、润滑计算与轴颈轴承设计、润滑控制等领域涉及；⑥项是由活塞、缸套、机体结构温度不同产生的梯度差而引起的，涉及热-结构耦合分析，主要用于活塞机械强度与热强度计算，与活塞、缸套、冷却系统设计相关。

如上所述，各种激励力分别对应了不同的计算理论与计算方法，本书主要内容为内燃机动力学、轴承负荷和平衡分析，故本书从激励源、分析模型等方面考虑来开展动力学简化计算，因此只研究①、②两项作用力，即缸内气体压力和运动件的惯性力。关于其他激励的研究，则对应于不同的研究目标与研究方法，其都使内燃机动力学仿真不断贴近真实，也是目前内燃机研究方向的热点。

气体压强主要通过内燃机工作过程和负荷状态确定，体现为由理论方法计算或试验方法测量得到示功图，它为一条气体压强随曲轴转角 α 变化的曲线。气体压强的获取在本书中不做重点论述，涉及的计算内容均认为气体压强已知，曲线形状如图 2-14 所示。

运动件的惯性力主要包括往复惯性力和离心惯性力两部分，下面重点介绍运动件惯性力的求法。在机型一定的前提下，惯性力与工作过程无关，只与转速有关，可依据曲柄连杆机构的运动学公式求出。

2.2.1 换算质量

曲柄-连杆机构的运动件主要包括活塞组、连杆、曲轴等结构。由牛顿运动定律可知，

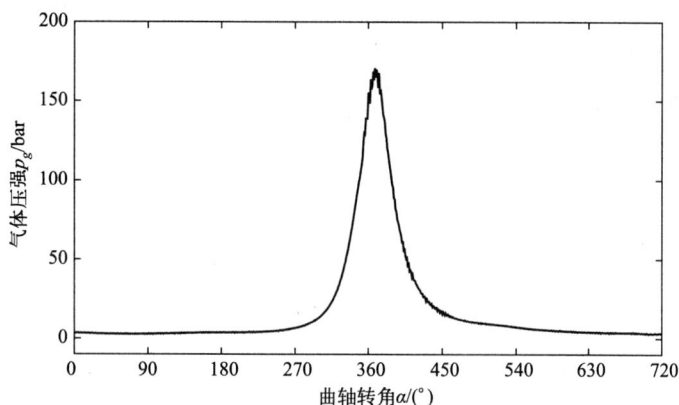

图 2-14 缸内气体压强变化曲线

$$1bar = 10^5 Pa$$

运动件的惯性力可分为两类，即往复惯性力和离心惯性力。前者可表示为 $F = -ma$，后者可表示为 $M = mR\omega^2$。式中，除质量外，其他参数均已知。本小节主要介绍参与往复运动的质量和参与旋转运动的质量换算方法。

为简化计算，质点力系法通常把活塞、曲轴、连杆的质量换算成集中质量，此简化思路将运动件沿长度方向的分布质量简化成了离散的质量点，简化原则是保证换算前后的动力效果不变，换算后得到的集中质量称作换算质量。

（1）活塞组的换算质量

这部分质量包括活塞、活塞环、活塞销等，由于这部分质量一起做往复直线运动，故其换算质量即为实际质量，且可等效于活塞销中心 A 上。活塞组的换算质量定义为 m_p，如图 2-15 所示。

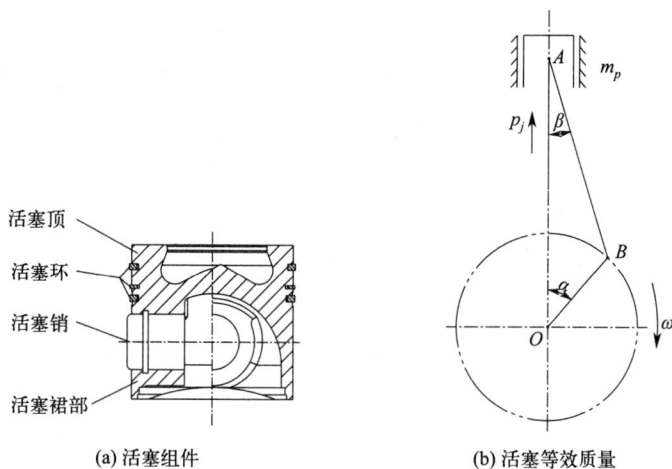

(a) 活塞组件   (b) 活塞等效质量

图 2-15 活塞组结构及简化

（2）曲柄的换算质量

曲柄绕曲轴回转中心做回转运动，因而曲柄的换算质量主要考虑产生离心惯性力的这部分不平衡质量，平衡重块的质量暂不考虑（若配有平衡重块，则在进行作用力合成时考虑）。由此，曲柄部分的不平衡质量包括曲柄销和曲臂的不平衡两部分，如图 2-16 所示。

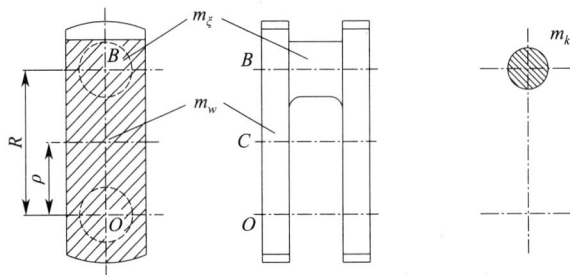

图 2-16　曲柄质量换算示意图

曲柄销仍处于原中心线处，故无须等效变换。曲臂为连续体，换算时须把不平衡部分的质量集中等效到曲柄销中心，保持换算前后的离心惯性力不变。依此原则，曲臂的不平衡质量产生的原离心力为 $2m_w\omega^2\rho$（两块）。式中，m_w 为单个曲臂的质量；ρ 为曲臂不平衡部分的重心与曲柄回转中心的距离。

设换算后的质量为 m，则由离心惯性力不变的等效原则，有 $m\omega^2 R=2m_w\omega^2\rho$，得 $m=2m_w\dfrac{\rho}{R}$，故曲柄部分的换算质量为

$$m_k=m_\xi+2m_w\frac{\rho}{R} \qquad (2\text{-}21)$$

式中，m_ξ 为曲柄销部分的质量。

对形状复杂的曲臂，如图 2-17 所示，其总体重心不易定出，可将其分割为简单形状同等厚度的小块，分别计算各部分的等效质量，然后做和。

图 2-17　复杂曲柄图

（3）连杆组的换算质量

连杆为连续体，其运动状态复杂，但由于我们侧重研究它运动时传给活塞销和曲柄销的力，故一般依照其运动方式将其简化为两质量系统：一个集中质量位于活塞销中心（m_{CA}），做往复直线运动；另一个集中在曲柄销中心（m_{CB}），做回转运动，如图 2-18 所示。换算时应保证下列三个条件。

① 保持换算前后的质量不变，则有

$$m_C=m_{CA}+m_{CB} \qquad (2\text{-}22)$$

② 保持换算前后的重心不变，若 L_A 为连杆重心至小端中心（活塞销 A 处）的距离，L_B 为连杆重心至大端中心（曲柄销 B 处）的距离，则有

$$m_{CA}L_A=m_{CB}L_B \qquad (2\text{-}23)$$

由以上两式可解出

$$\begin{cases} m_{CA}=m_C(L-L_A)/L \\ m_{CB}=m_C L_A/L \end{cases} \qquad (2\text{-}24)$$

③ 保持换算前后质量对重心的转动惯量不变，则有

$$m_{CA}L_A^2 + m_{CB}L_B^2 = I_C（原惯量） \tag{2-25}$$

实际计算表明，由①、②条件计算出的换算质量并不能满足式(2-25)，而有

$$m_{CA}L_A^2 + m_{CB}L_B^2 > I_C$$

由于两者相差较小，故一般不予考虑，常规计算就采用式（2-24）的两个换算质量 m_{CA} 和 m_{CB} 来代替原质量 m_C。若要求精确计算，可对上述做法进行修正，在换算系统中引入连杆修正力偶矩 M_C，抵消转动惯量计算偏差带来的额外惯性力矩。

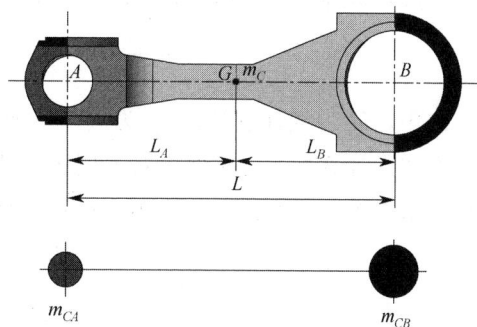

图 2-18　连杆质量换算示意图

$$M_C = [(m_{CA}L_A^2 + m_{CB}L_B^2) - I_C]\ddot{\beta}$$

综上所述，根据质量换算，可得到活塞组换算质量 m_p，曲柄换算质量 $m_k = m_\xi + 2m_w \dfrac{\rho}{R}$，连杆组换算质量 $m_{CA} = m_C(L - L_A)/L$，$m_{CB} = m_C L_A/L$。

2.2.2　曲柄连杆机构的惯性力

沿气缸中心线做往复直线运动的质量为 $m_j = m_p + m_{CA}$，则曲柄连杆机构产生的往复惯性力为 $P_j = -m_j a$，如果加速度按近似式进行计算，则

$$P_j = -m_j R\omega^2 \cos\alpha - m_j R\omega^2 \lambda \cos(2\alpha) = P_{jⅠ} + P_{jⅡ} \tag{2-26}$$

式中，$P_{jⅠ}$ 为一次往复惯性力；$P_{jⅡ}$ 为二次往复惯性力。

集中在曲柄销中心（半径 R）处的回转质量为 $m_r = m_k + m_{CB}$。对于稳态工况，曲轴回转角速度 ω 为定值，所以 m_r 产生的离心惯性力大小不变，作用方向则始终沿曲柄中心线向外，即离心方向。

$$P_r = m_r \omega^2 R \tag{2-27}$$

2.3　正置式曲柄连杆机构动力学分析

上节介绍了基于质点力系方法计算活塞销中心、曲柄销中心的惯性力，在此基础上，本节结合气缸压力与曲柄连杆几何结构形式，进行曲柄连杆机构的动力学分析，获得各部件之间的相互作用力。

2.3.1　气体作用力和惯性力的合成

作用在曲柄连杆机构的力除了运动件的往复惯性力以外，还有气缸内周期性变化的气体

压强 p_g，p_g 作用在活塞上，作用方向沿气缸中心线，故可与活塞销上的往复惯性力 P_j 合成，因此，实际作用于活塞销中心（连杆小端中心）沿气缸中心线的合力为

$$P = p_g \frac{\pi}{4} D^2 + P_j = p_g \frac{\pi}{4} D^2 - m_j a \tag{2-28}$$

式中，D 为气缸直径；p_g 为气体压强。

在实际计算中，为了便于对不同类型内燃机的机械负荷纵向比较，常对合力 P 进行归一化，即按单位活塞面积的作用力进行计算，有

$$p = p_g + \frac{P_j}{\frac{\pi}{4}D^2} = p_g - \frac{m_j a}{\frac{\pi}{4}D^2} = p_g + p_j \tag{2-29}$$

p_g 和 p_j（单位活塞面积上的往复惯性力）随曲柄转角 α 的变化曲线如图 2-19 所示。

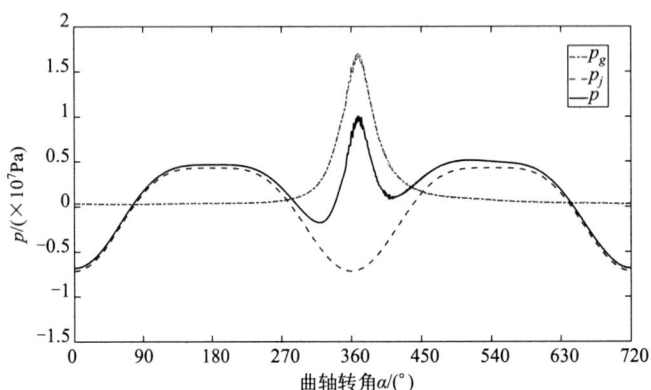

图 2-19　单位活塞面积的气体压力、活塞惯性力及其合成力

2.3.2　各构件的受力情况分析

以活塞销中心（连杆小端）的合力为起点，分析该力作用下的曲柄连杆机构受力情况（图 2-20）。如图 2-20（a）所示，作用在连杆小端的往复惯性力和气体压强的合力 p 可以分解为两个分力：p_H 和 p_C。p_H 垂直于气缸壁，称为活塞侧推力，反映了气缸磨损的趋势；p_C 沿着连杆中心线方向，称为连杆推力，反映了连杆受力的变化情况。其曲线如图 2-21 和图 2-22 所示。

由几何关系，p_H 的表达式为

$$p_H = p \tan\beta = p \sin\alpha \left/ \sqrt{\frac{1}{\lambda^2} - \sin^2\alpha} \right. \tag{2-30}$$

连杆推力 p_C 表示为

$$p_C = p \frac{1}{\cos\beta} = p \frac{1}{\lambda} \left/ \sqrt{\frac{1}{\lambda^2} - \sin^2\alpha} \right. \tag{2-31}$$

根据作用力与反作用力定律，可以推断连杆和气缸壁将作用于活塞组反作用力 p_C' 和 p_H'。

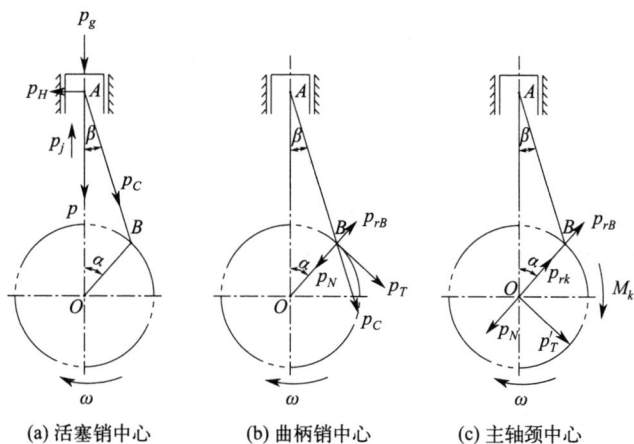

图 2-20 活塞销中心、曲柄销中心、主轴颈中心受力示意

(a) 活塞销中心　(b) 曲柄销中心　(c) 主轴颈中心

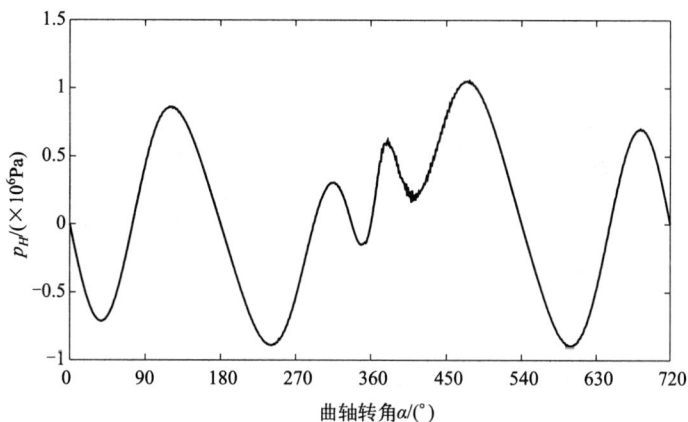

图 2-21 活塞侧推力 p_H

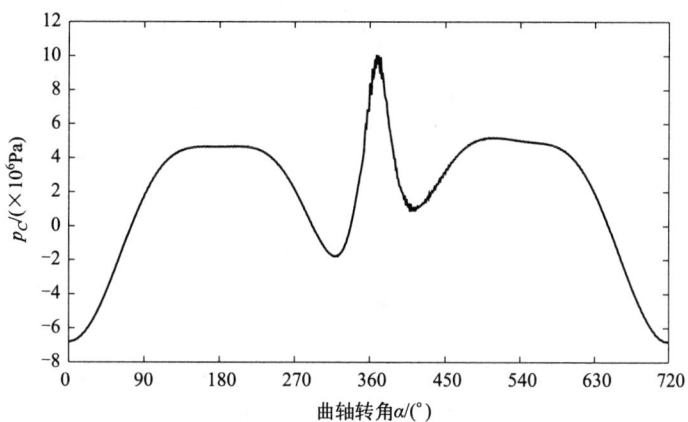

图 2-22 连杆推力 p_C

连杆推力沿连杆中心线作用在连杆大端（曲柄销）处，又可分解为沿曲柄销中心线方向的法向力 p_N 和其垂直方向的切向力 p_T，如图 2-23、图 2-24 所示。

$$p_N = p_C \cos(\alpha + \beta) = p \, \frac{\cos(\alpha + \beta)}{\cos\beta} \tag{2-32}$$

$$p_T = p_C \sin(\alpha + \beta) = p \, \frac{\sin(\alpha + \beta)}{\cos\beta} \tag{2-33}$$

对曲柄销进行受力分析 [图 2-20(b)]，该位置的力除了连杆推力 p_C，还有参与回转运动的连杆大端质量产生的离心惯性力 $p_{rB}(m_{CB}R\omega^2)$，由于 p_N 与 p_{rB} 共线，可将 p_N、p_T 与 p_{rB} 依照几何关系合成得到曲柄销处的合力（曲柄销负荷、连杆轴承负荷）。

$$R_B = \sqrt{p_T^2 + (p_N - p_{rB})^2} \tag{2-34}$$

p_N、p_T 和 R_B 变化曲线分别如图 2-23～图 2-25 所示。

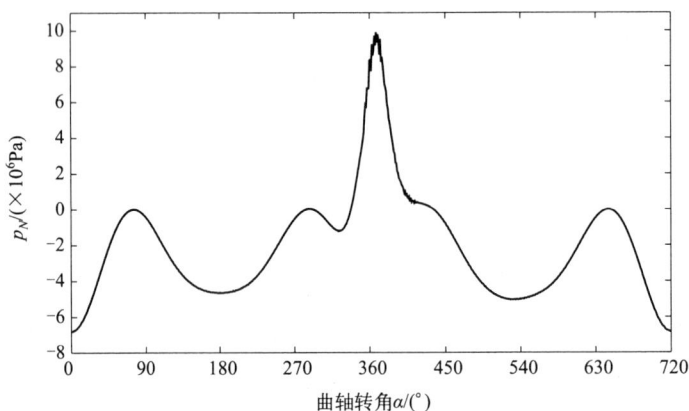

图 2-23　曲柄销法向力 p_N

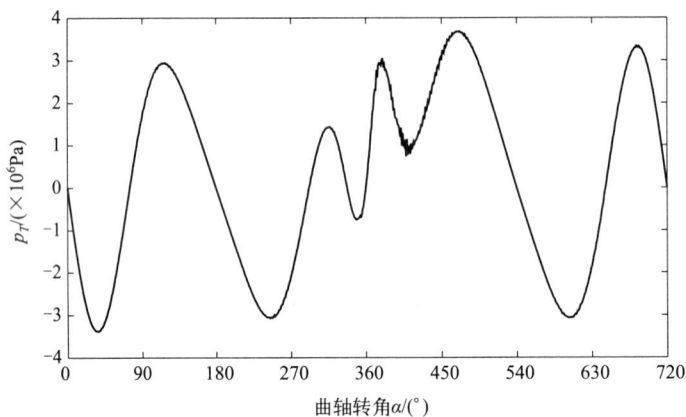

图 2-24　曲柄销切向力 p_T

为平衡离心惯性力，通常在曲轴的曲柄上配置平衡重，它的安装也改变了作用于轴颈的惯性力，下面分两种情况考虑平衡重安装与否，分别计算主轴颈处作用力 [图 2-20(c)]。

① 没有安装平衡重。在这种情况下，作用在主轴颈处的力有 p_N、切向力 p_T 平移到主轴颈处的力 p_T' 及一个力偶 $M_{输}$，除此之外还有曲柄部分的离心力 $p_{rk}(m_kR\omega^2)$。

合力还应包括计算曲柄销负荷时已计算过的连杆回转质量 m_{CB} 所产生的离心力 p_{rB}，

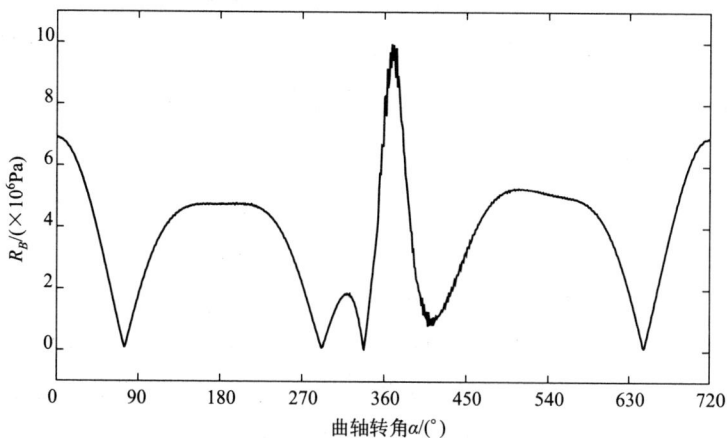

图 2-25　曲柄销负荷 R_B

因此主轴颈位置的合力为

$$R_k = \sqrt{p_T^2 + (p_N - p_{rB} - p_{rk})^2} = \sqrt{p_T^2 + (p_N - p_r)^2} \tag{2-35}$$

式中，p_r 为曲柄总的离心力。主轴承负荷如图 2-26 所示。

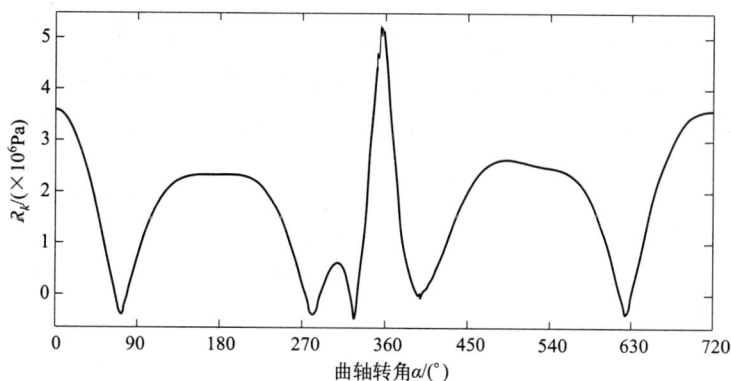

图 2-26　主轴承负荷 R_k

可将主轴颈处的作用力分解为沿气缸中心线方向和垂直于该方向的作用力。对沿气缸中心线方向，即直列机的垂直方向，有

$$\begin{aligned}
V &= p_T \sin\alpha + (p_N - p_r)\cos\alpha \\
&= p\frac{\sin(\alpha+\beta)}{\cos\beta}\sin\alpha + p\frac{\cos(\alpha+\beta)}{\cos\beta}\cos\alpha - p_r\cos\alpha \\
&= p_g + p_j - p_r\cos\alpha
\end{aligned} \tag{2-36a}$$

对水平方向，有

$$\begin{aligned}
H &= p_T \cos\alpha - (p_N - p_r)\sin\alpha \\
&= p\frac{\sin(\alpha+\beta)}{\cos\beta}\cos\alpha + p\frac{\cos(\alpha+\beta)}{\cos\beta}\sin\alpha + p_r\sin\alpha \\
&= p_H + p_r\sin\alpha
\end{aligned} \tag{2-36b}$$

主轴颈处的水平与垂直方向合力可看作曲柄连杆机构这一系统与外界的作用力，可基于

气缸压力、惯性力、活塞侧推力进行轴颈/轴承负荷求解的初步判断。

② 当配有平衡重时，设平衡重重心与曲柄的夹角为 φ_{BW}，该平衡重回转运动产生的离心惯性力为 p_{BW}（$p_{BW}=m_{BW}\rho_{BW}\omega^2$），则相应的主轴颈位置的合力、垂向力、水平力的公式可写作

$$R_k=\sqrt{(p_T+p_{BW}\sin\varphi_{BW})^2+(p_N-p_r+p_{BW}\cos\varphi_{BW})^2} \tag{2-37}$$

$$V=p_g+p_j-p_r\cos\alpha+p_{BW}\cos(\alpha-\varphi_{BW}) \tag{2-38}$$

$$H=p_H+p_r\sin\alpha-p_{BW}\sin(\alpha-\varphi_{BW}) \tag{2-39}$$

在气体压力和惯性力联合作用下，曲柄连杆机构各部件间的受力及传递至主轴承的力，其符号定义如下：p_g、p_j，指向曲轴回转中心为正；p_C，使连杆受压为正；p_H，倾覆力矩方向与曲轴回转方向相反时为正；p_T，与曲柄回转方向一致为正；p_N，指向曲轴回转中心为正。

除了质点力系法，还可以基于多刚体动力学方法建立单缸内燃机曲柄连杆机构的分析模型，如图 1-7 所示。通过多刚体动力学方法进行活塞侧推力与主轴承负荷计算，一个循环周期内的计算结果与质点力系法的对比如图 2-27 所示。

由图 2-27 可知，多体动力学与质点力系法的计算结果基本吻合。两条曲线的趋势基本一致，力的幅值差别较小，也说明了质点力系法在工程计算中确实具有较高的准确度，可以在设计定型的初期采用。如图 2-27 所示，多刚体动力学模型计算的各力，如活塞侧推力因为气缸压力、活塞-缸套间隙等会在曲线上出现明显的毛刺，此现象在爆压附近尤其明显。

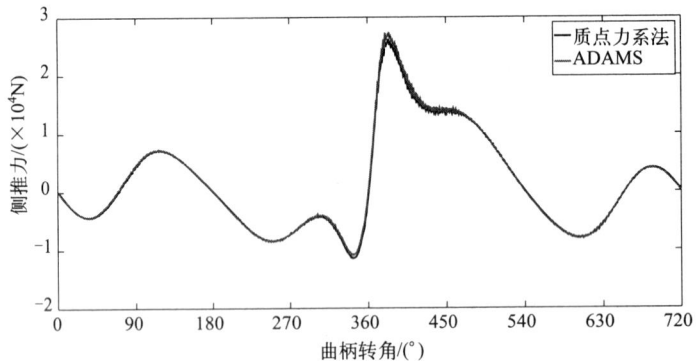

(a) 活塞侧推力曲线

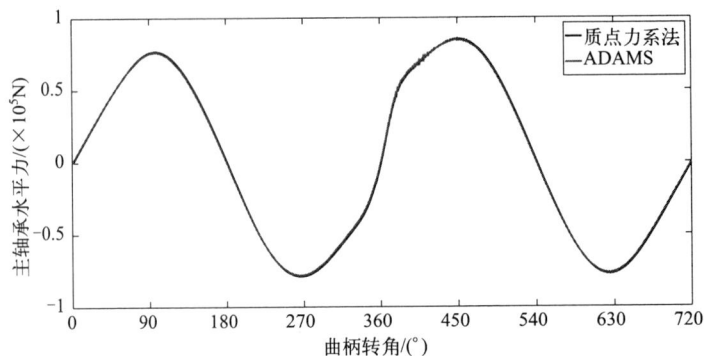

(b) 主轴承水平力

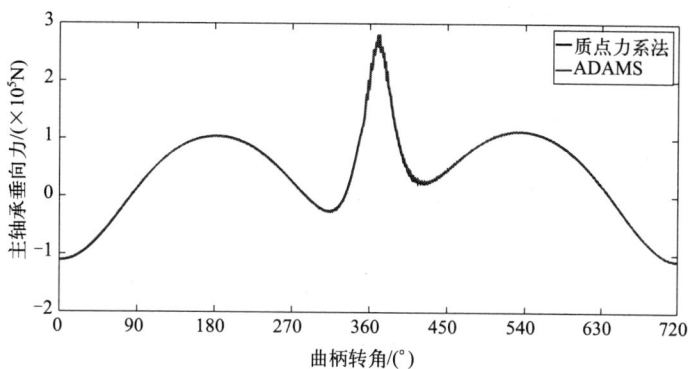

(c) 主轴承垂向力

图 2-27 动力学计算结果的比较

2.3.3 内燃机的输出转矩

计算主轴承负荷时，通过力系平衡将 p_T、p_N 从曲柄销中心 B 点移至曲轴回转中心 O 点。p_T 平移至 O 点后，应产生一组力和力偶，定义力偶为 M_k，即为曲轴对外回转做功的输出转矩，曲线如图 2-28 所示。这说明切向力是内燃机对外做功的主要作用力。对于单缸内燃机，输出转矩可表示为

$$M_k = p_T R = pR \frac{\sin(\alpha+\beta)}{\cos\beta}$$

$$= p_g R \frac{\sin(\alpha+\beta)}{\cos\beta} + p_j R \frac{\sin(\alpha+\beta)}{\cos\beta}$$

$$= (M_k)_g + (M_k)_j \tag{2-40}$$

显然，输出转矩是周期性变化的，由两部分构成。其中，$(M_k)_g$ 是由气缸压力 p_g 产生的，$(M_k)_j$ 则是由往复惯性力 p_j 产生的。

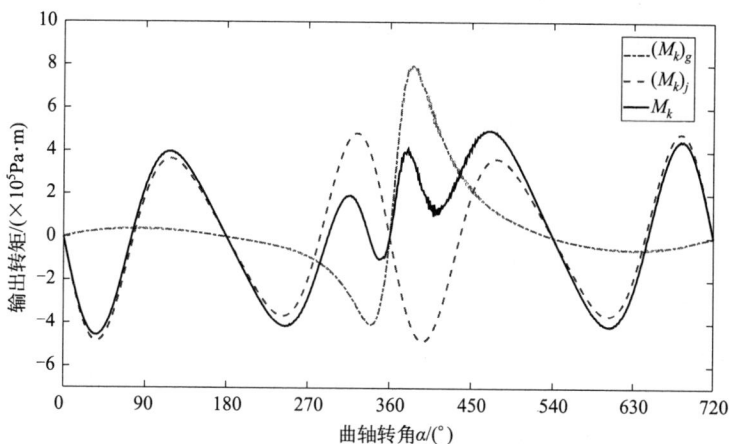

图 2-28 单缸内燃机的输出转矩图

下面分析往复惯性力产生的转矩 $(M_k)_j$ 在一个工作过程所做的功的特点，基于活塞加速度的近似式，有

$$(M_k)_j = p_j R \frac{\sin(\alpha+\beta)}{\cos\beta}$$

$$= -m_j R\omega^2 [\cos\alpha + \lambda\cos(2\alpha)] R \frac{\sin(\alpha+\beta)}{\cos\beta}$$

$$= -m_j R^2 \omega^2 [\cos\alpha + \lambda\cos(2\alpha)] \left[\sin\alpha + \frac{\lambda}{2}\sin(2\alpha)\right]$$

若求往复惯性力产生的转矩 $(M_k)_j$ 做功，对上式积分

$$W_j = -m_j R^2 \omega^2 \int_0^{2\pi} \left[\sin\alpha + \frac{\lambda}{2}\sin(2\alpha)\right] \mathrm{d}\left[\sin\alpha + \frac{\lambda}{2}\sin(2\alpha)\right]$$

$$= -m_j R^2 \omega^2 \left[\sin\alpha + \frac{\lambda}{2}\sin(2\alpha)\right] \Big|_0^{2\pi} = 0$$

也可近似取 $\cos\beta = 1$，则有下式，可见其在一个工作循环的积分为零。

$$(M_k)_j = -m_j R^2 \omega^2 \left[\frac{1}{2}\sin(2\alpha) + \frac{3}{4}\lambda\sin(3\alpha) - \frac{\lambda}{4}\sin(2\alpha) + \frac{\lambda^2}{4}\sin(4\alpha)\right]$$

即对内燃机曲轴一个工作循环的惯性力做功进行计算，可得

$$W_j = \int_0^{2\pi} (M_k)_j \mathrm{d}\alpha \Rightarrow 0$$

这说明往复惯性力只对输出转矩的瞬时值产生影响，而对内燃机的输出功率无影响，内燃机输出功率主要由气缸压力等量决定。

2.3.4 曲柄连杆机构上作用力性质综述

如图 2-29 所示，缸内气体压力既作用于气缸盖上，又作用在活塞顶上，构成一对平衡力系，故从宏观上看，该作用力不会传递到机外去，而是导致周期性变化的内应力，并产生内燃机的振动。

惯性力在机体内不能平衡，可以传递到机外去。依照其往复、旋转的运动特点，使内燃机在不同平面内产生动力学响应。往复惯性力 p_j 方向一定、幅值周期性变化，将使内燃机上下跳动；离心惯性力 p_r 幅值一定，方向离心，会引起内燃机上下、左右的振动，上述各激励作用于机架上，由地脚螺栓承受。

作用在气缸壁上的侧推力与作用在主轴承处的水平分力 p_H 大小相等，方向相反，综合作用

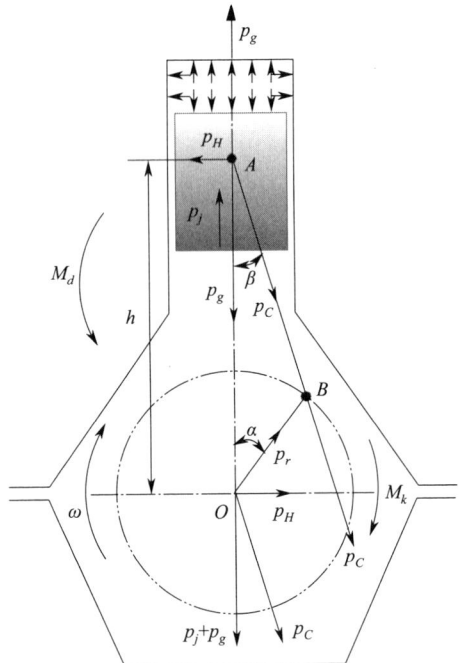

图 2-29 曲柄连杆机构上作用力

将产生力矩，它有使内燃机倾倒的趋势，故称其为倾覆力矩 M_d，如图 2-29 所示。

$$M_d = -p_H h$$

利用正弦定理，即 $h/\sin(\alpha+\beta)=R/\sin\beta$，可以得到

$$h=\frac{R\sin(\alpha+\beta)}{\sin\beta}$$

故 $M_d = -p_H R\sin(\alpha+\beta)/\sin\beta = -p\tan\beta R\sin(\alpha+\beta)/\sin\beta$

$$M_d = -pR\frac{\sin(\alpha+\beta)}{\cos\beta} = -M_k$$

即倾覆力矩 M_d 与输出转矩 M_k 大小相等，方向相反。但两者是作用在不同部件上的。其中，M_k 作用在曲轴上对外做功，与负载的反作用力相平衡；而 M_d 则作用在内燃机机体上，由地脚螺栓承受，使内燃机产生周期性振动。

此外，其他各力的性质说明如下。

p_H：使活塞组和衬套间产生摩擦和变形。

p_T：引起曲柄销、曲臂及主轴颈的弯曲及扭转变形，同时引起轴系的扭转振动。它是曲轴强度、轴承负荷及扭转应力计算的根据。

p_N：使曲柄销、曲臂及主轴颈产生弯曲变形，使主轴颈在轴承中的位置随时间改变而增加轴承磨损，它是曲轴强度和轴承负荷计算的根据。

上述各作用力均随曲轴转角而变，可根据具体数据对特定机型绘出各自的曲线并分析特性，为结构设计提供依据。

2.4 低速内燃机曲柄连杆机构动力学分析

2.4.1 低速内燃机的曲柄连杆机构及其简化

航运船舶上普遍采用了一种低速内燃机作为推进用主机，低速内燃机的活塞冲程较长、曲轴转速偏低，其曲柄连杆机构简图与前文结构有不同之处，在此一并论述。目前常见的中、高速内燃机结构简单、紧凑、轻便，活塞侧推力由活塞裙部承担，活塞与缸套间的磨损较大。低速内燃机由于活塞冲程较长，多采用十字头形式，活塞侧推力由十字头来承担。

十字头式内燃机的活塞由于不起导向作用，活塞与气缸间允许有较大间隙。同时，由于两者间没有侧推力的作用，因此它们之间的磨损较小，不易擦伤和卡死，使用寿命长。此外，采用这种结构形式时，由于活塞杆只在垂直方向做直线运动，故可在气缸下部装设横隔板，这样就将气缸与曲轴箱分隔开，以免气缸内的脏油、烟灰和燃气等漏入曲轴箱，污损曲轴箱内的滑油，这对燃烧重油的内燃机是非常重要的。对于此结构，也可对十字头结构进行单独润滑，提高润滑效率，改善内燃机的工作状态。由于采用十字头式结构，使内燃机的高度与质量增加，结构也较复杂。目前，船用大型低速内燃机几乎都采用十字头式曲柄连杆

机构。

如图 2-30 所示为典型船用低速内燃机的曲柄连杆机构示意。
对比该结构图与前文的曲柄连杆机构示意可知，该曲柄连杆机构
增加了十字头组件，连杆不与活塞直接相连而是与十字头相连，
十字头通过活塞杆再与活塞相连，活塞的导向作用主要由十字头
承担。当内燃机工作时，十字头上的滑块在导轨上滑动，侧推力
产生在滑块与导轨之间。

A 点表示十字头中心点位置，O 点表示曲轴回转中心，B 点
表示当前时刻曲柄销中心位置，AB 表示连杆长度 L，OA 定义
了气缸中心线，OB 表示曲轴半径 R。定义曲柄半径与连杆长度
的比值 $\lambda=R/L$，活塞行程仍为 $S=2R$。仍定义任意时刻曲柄与
气缸中心线夹角为 α，即曲柄转角；连杆中心线与气缸中心线夹
角为 β，即连杆摆角。

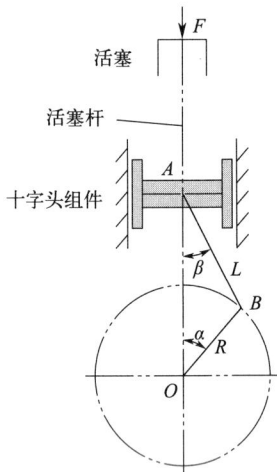

图 2-30　十字头式
曲柄连杆机构

内燃机工作时，在气缸压力的推动下，活塞、活塞杆、十字
头组件作为整体沿气缸中心线下行，通过连杆的作用驱动曲轴回
转。在稳定工况下，以十字头及活塞构成的组合件做往复直线运动，曲轴做回转运动。连杆
小端与十字头相连，大端与曲柄相连，由于活塞与曲柄分别做往复直线运动和回转运动，连
杆杆身 AB 做复杂的平面运动。

从图 2-30 所示的几何结构中可以看出，低速内燃机与传统正置式曲柄连杆机构的布置
基本相同，因此其运动学基本一致，当曲柄转角为 α 时，活塞位移 x 的计算公式为

$$x=R+L-L\cos\beta-R\cos\alpha=R(1-\cos\alpha)+L(1-\cos\beta) \tag{2-41}$$

化简可得低速内燃机活塞位移精确式为

$$x=R(1-\cos\alpha)+L\left[1-\sqrt{1-\lambda^2\sin^2\alpha}\right] \tag{2-42}$$

继续依照前文的化简方法，引入二项式定理，有活塞位移近似式如下：

$$x=R\left\{(1-\cos\alpha)+\frac{\lambda}{4}\left[1-\cos(2\alpha)\right]\right\} \tag{2-43}$$

其他表达式可参考 2.1.1 节，工程设计中常用的低速内燃机活塞速度、加速度的近似表
达式分别如下：

$$v=R\omega\left[\sin\alpha+\frac{\lambda}{2}\sin(2\alpha)\right] \tag{2-44}$$

$$a=R\omega^2\left[\cos\alpha+\lambda\cos(2\alpha)\right] \tag{2-45}$$

式中，ω 为曲柄做匀速回转运动时的角速度。

2.4.2　低速内燃机曲柄连杆机构受力情况

同理，在计算低速内燃机曲柄连杆机构受力分析时，首先应考虑惯性力，涉及参与往
复、回转运动的质量与加速度，曲柄连杆机构中做往复直线运动的部件包括活塞及十字头组

件，具体包括活塞本体、活塞环、活塞杆、十字头组件、装配螺栓等。对于船用低速二冲程内燃机，十字头组件的运动规律与活塞组件相同，做往复直线运动的组件向下的传力点可等效到十字头销中心，因此活塞与十字头组件的质量可集中到十字头中心，仍定义为 m_p。其他部件的等效质量（如连杆到小端与大端的等效质量、曲臂与曲柄销的等效质量等）可参考2.2.1节。

（1）气缸内工质的作用力

将气缸内的气体压强 p_g 与活塞截面积相乘便得到了气体作用力 P_g，内燃机稳定工作时，该力是随曲轴转角周期性变化的。

$$P_g = p_g A_h \tag{2-46}$$

式中，p_g 为缸内气体压强，Pa；A_h 在这里为气缸的截面积，$A_h = \frac{\pi}{4}D^2$，m^2；D 为气缸直径，m。

（2）十字头中心点受力与分解

如前所述，十字头销受力的大小主要与往复惯性力和气缸压力有关，并且两力均沿气缸中心线方向作用，所以十字头轴承上的总作用力 P 直接就等于气体力 P_g 和往复惯性力 P_j 的代数和。

$$P = P_g + P_j \tag{2-47}$$

根据内燃机的实际参数，利用以上公式，得到惯性力、气体力以及二者合力的变化曲线如图 2-31 所示。

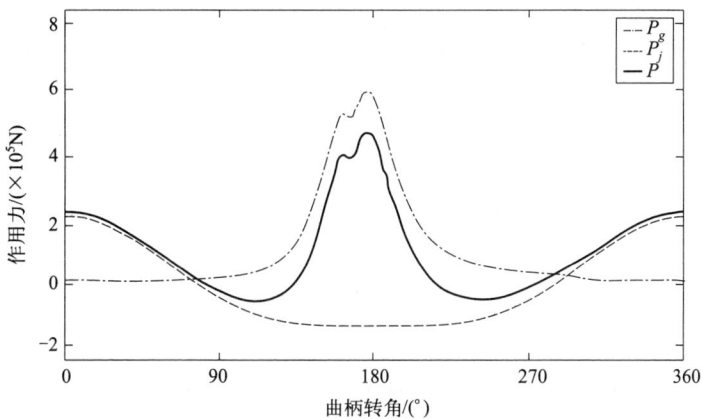

图 2-31 十字头轴承上的垂向作用力

总作用力 P 的计算过程与前文基本相同，一个工作过程内的惯性力与气缸压力主导区域非常明显，注意低速内燃机气缸压力曲线多见两个负荷峰，这是由其喷油、燃烧的工作过程决定的。

作用在活塞组的总作用力设为 P，该力作用在十字头中心处，将其分解为十字头侧推力 P_H 及与连杆推力 P_C 共两个分力。十字头侧推力主要作用于十字头与其导轨处，导致两个部件间的接触摩擦，该作用力主要被机体承受，并转化为倾覆力矩，被基座上的地脚螺栓承

受。具体为

$$P_H = P\tan\beta \qquad (2\text{-}48)$$

至连杆推力处的作用力为

$$P_C = P\frac{1}{\cos\beta} \qquad (2\text{-}49)$$

其表达式分别与 2.3 节的式（2-33）与式（2-34）相同，因此后续切向力、法向力、轴颈与轴承负荷等各公式推导可参考上文，这里不再赘述。

2.5 内燃机动力学计算示例

四冲程内燃机已知参数如表 2-1 所示，该机示功图如图 2-32 所示。

表 2-1 单列式内燃机动力计算已知参数表

序号	名称	数值	单位	代号
1	冲程数	4	—	T
2	气缸数	5	—	Z
3	内燃机转速	400	r/min	n
4	有效功率	970	kW	N_e
5	气缸直径	0.32	m	D
6	活塞行程	0.44	m	S
7	曲柄半径	0.22	m	R
8	连杆长度	0.86	m	L
9	活塞组质量	71.31	kg	m_p
10	连杆组质量	131.6	kg	m_C
11	连杆重心至小端中心距离	0.546	m	L_A
12	曲柄不平衡质量	45	kg	m_k
13	缸内气体压强	见图 2-32	Pa	p_g

对内燃机作动力计算，根据单列式内燃机动力计算公式，编制适用于内燃机动力计算的通用计算程序，图 2-33 是该程序的流程。

2.5.1 各项常数计算

根据基本参数公式，各类参数计算结果如下：

$$\lambda = \frac{R}{L} = 0.2558$$

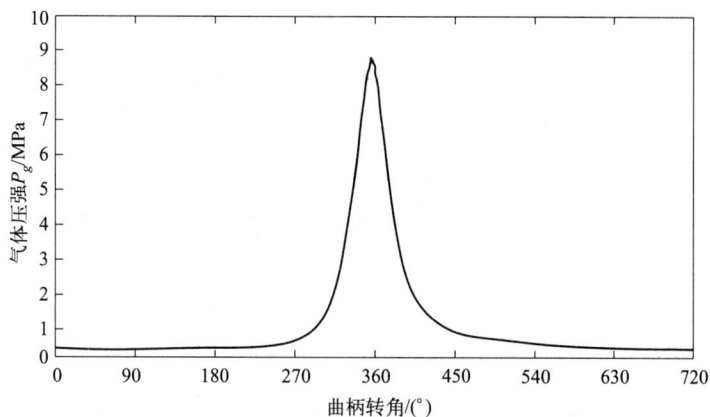

图 2-32 单列式内燃机示功图

图 2-33 程序的流程

$$\omega = \frac{2\pi n}{60} = 41.89 \, (\text{rad/s})$$

$$m_{CA} = \frac{m_C(L - L_A)}{L} = 48.05 \, (\text{kg})$$

$$m_{CB} = \frac{m_C L_A}{L} = 83.55 \, (\text{kg})$$

$$m_j = m_p + m_{CA} = 119.36 \, (\text{kg})$$

$$m_r = m_k + m_{CB} = 128.55 \, (\text{kg})$$

2.5.2 运动学计算

根据 2.1 节活塞运动学近似公式，编制程序进行计算，可以得到不同曲柄转角下活塞的位移、速度、加速度曲线，如图 2-34～图 2-36 所示。

$$x = R(1 - \cos\alpha) + \frac{R\lambda}{4}\left[1 - \cos(2\alpha)\right]$$

$$v = R\omega\left[\sin\alpha + \frac{\lambda}{2}\sin(2\alpha)\right]$$

$$a = R\omega^2\left[\cos\alpha + \lambda\cos(2\alpha)\right]$$

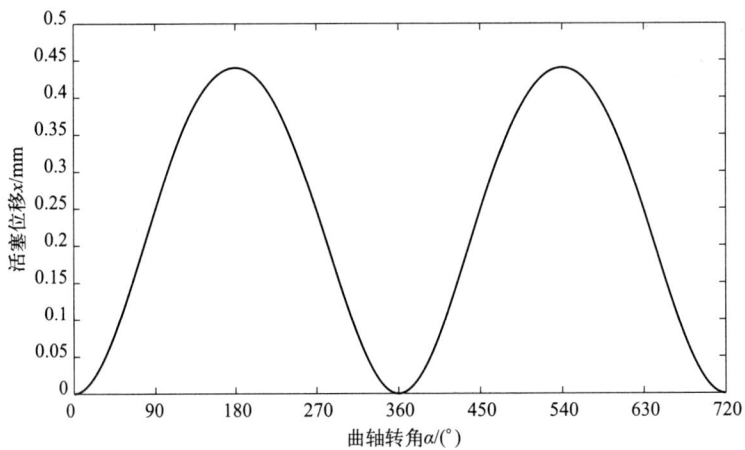

图 2-34　活塞位移曲线

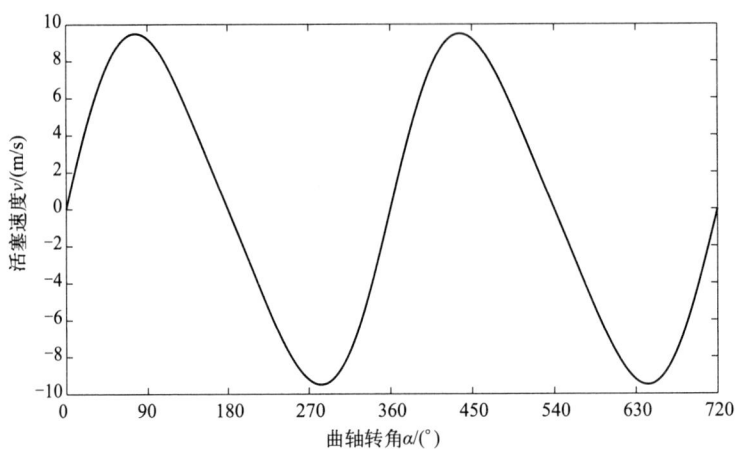

图 2-35　活塞速度曲线

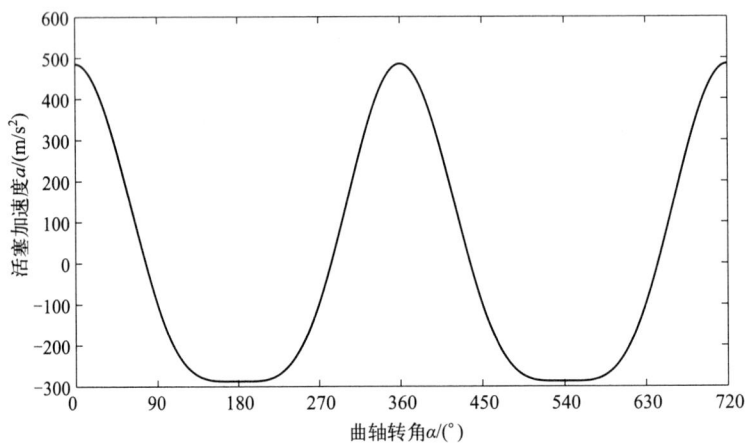

图 2-36　活塞加速度曲线

2.5.3 动力学计算

根据 2.3 节曲柄连杆机构动力学公式，编制程序进行计算，可以得到不同曲柄转角下活塞销中心合力、活塞侧推力、连杆推力、曲柄销法向力和曲柄销切向力曲线，如图 2-37～图 2-41 所示。根据单列式内燃机发火顺序，可以得到合成切向力曲线，如图 2-42 所示。

$$P = p_g \frac{\pi}{4} D^2 + P_j = p_g \frac{\pi}{4} D^2 - m_j a$$

$$p_H = p \tan\beta = p \sin\alpha \Big/ \sqrt{\frac{1}{\lambda^2} - \sin^2\alpha}$$

$$p_C = p \frac{1}{\cos\beta} = p \frac{1}{\lambda^2} \Big/ \sqrt{\frac{1}{\lambda^2} - \sin^2\alpha}$$

$$p_N = p_C \cos(\alpha + \beta) = p \frac{\cos(\alpha + \beta)}{\cos\beta}$$

$$p_T = p_C \sin(\alpha + \beta) = p \frac{\sin(\alpha + \beta)}{\cos\beta}$$

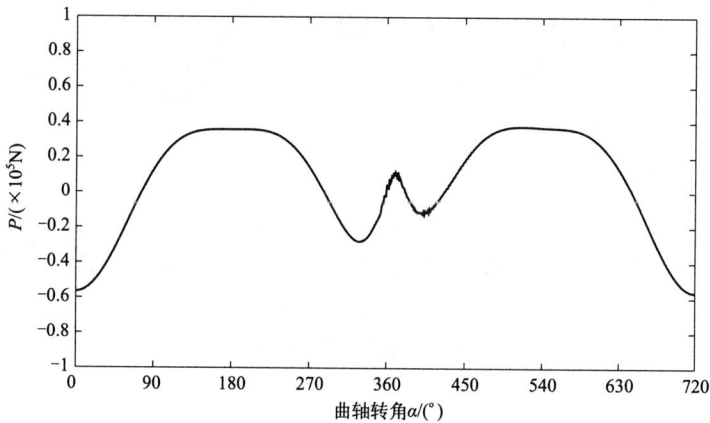

图 2-37　活塞受力曲线

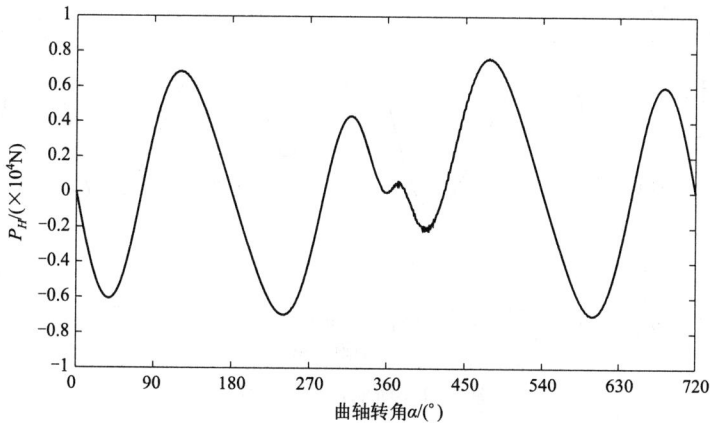

图 2-38　活塞侧推力曲线

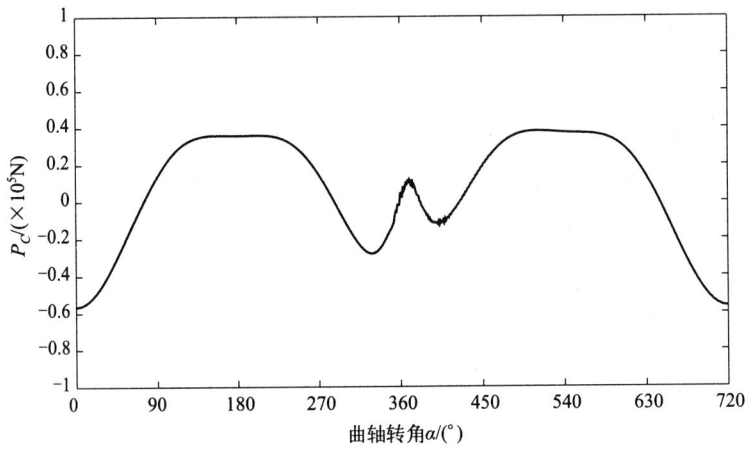

图 2-39 连杆推力曲线

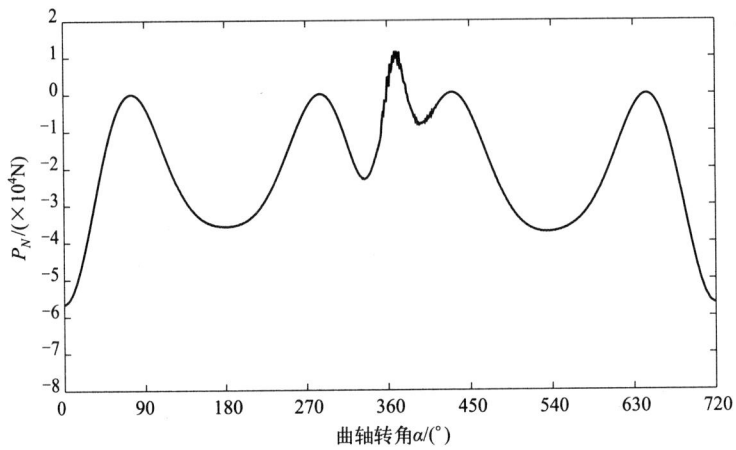

图 2-40 曲柄销法向力曲线

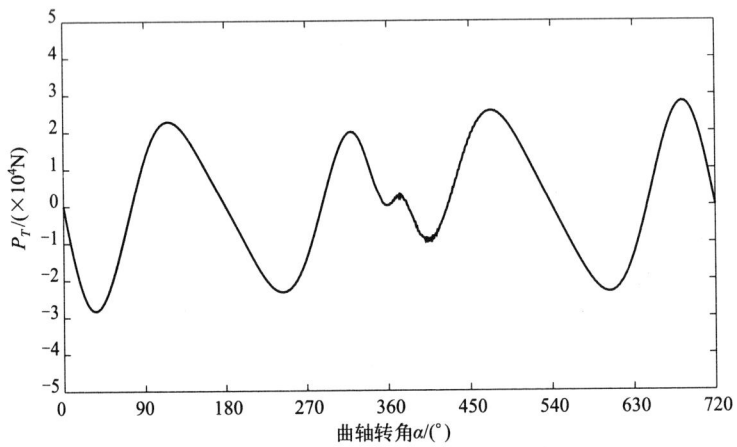

图 2-41 曲柄销切向力曲线

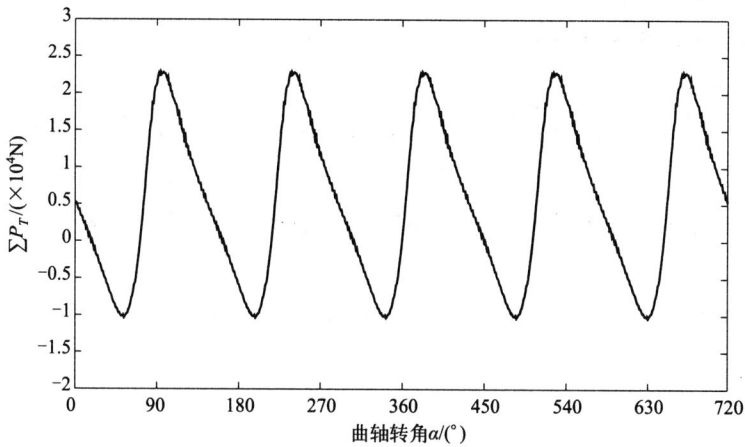

图 2-42 曲轴合成切向力曲线

2.5.4 动力学计算的程序代码

该计算过程可基于读者常用的软件实现，例如基于 Matlab 语言编制的程序如下。

```
clc;clear;
T＝4;%冲程数%
Z＝5;%气缸数%
n＝400;%转速%
Ne＝970;%有效功率%
D＝0.32;%缸径%
S＝0.44;%活塞行程%
R＝0.22;%曲柄半径%
L＝0.86;%连杆长度%
mp＝71.31;%活塞组质量%
mc＝131.6;%连杆组质量%
La＝0.546;%连杆重心与连杆小端中心的距离%
mk＝45;%曲柄质量%
omega＝n/60＊2＊pi;%曲轴转速 rad/s%
lamda＝R/L;%曲柄半径连杆比%
Fp＝pi＊(D/2)^2;%活塞面积%
mca＝mc＊(L-La)/L;%连杆往复运动等效质量%
mcb＝mc＊La/L;%连杆旋转运动等效质量%
mj＝mp＋mca;%往复运动总质量%
mr＝mk＋mcb;%旋转运动总质量%
alpha_angle＝[0：0.1：720];%根据调用的气缸压力数据确定转角%
```

```
alpha_rad＝alpha_angle＊pi/180;％转角单位转换％
load pg.txt;％调用气缸压力数据％
for i＝1:7201;
x(i)＝R＊(1-cos(alpha_rad(1,i)))＋R＊lamda/4＊(1-cos(2＊alpha_rad(1,i)));％
位移％
v(i)＝R＊omega＊sin(alpha_rad(1,i))＋R＊omega＊lamda/2＊sin(2＊alpha_rad(1,
i));％速度％
a(i)＝R＊omega^2＊(cos(alpha_rad(1,i))＋lamda＊cos(2＊alpha_rad(1,i)));％活塞
加速度％
end
for i＝1:7201;
beta_rad＝asin(lamda＊sin(alpha_rad));％连杆摆角％
Pj(i)＝-mj＊a(i);％活塞惯性力与运动趋势相反,因而前加负号,单位 N ％
P(i)＝pg(i,2)＊100000＊0.05＊(pi＊(D/2)^2)＋Pj(i);％气缸压力与惯性力合成,单
位 N ％
Ph(i)＝P(i)＊tan(beta_rad(i));％活塞侧推力％
Pc(i)＝P(i)/cos(beta_rad(i));％连杆推力％
Pn(i)＝Pc(i)＊cos(alpha_rad(i)＋beta_rad(i));％曲柄销法向力％
Pt(i)＝Pc(i)＊sin(alpha_rad(i)＋beta_rad(i));％曲柄销切向力％
end
％％％％5缸机发火顺序1-2-4-5-3
for i＝1:1440
    Pt2(i)＝Pt(i＋5760);
end
for i＝1441:7201
    Pt2(i)＝Pt(i-1440);
end
for i＝1:1440
    Pt4(i)＝Pt2(i＋5760);
end
for i＝1441:7201
    Pt4(i)＝Pt2(i-1440);
end
for i＝1:1440
    Pt5(i)＝Pt4(i＋5760);
end
for i＝1441:7201
```

```
        Pt5(i)=Pt4(i-1440);
    end
    for i=1:1440
        Pt3(i)=Pt5(i+5760);
    end
    for i=1441:7201
        Pt3(i)=Pt5(i-1440);
    end
    Pt_all=Pt+Pt2+Pt3+Pt4+Pt5;%合成切向力%
```

2.6　本章习题

习题答案详解

① 根据活塞平均速度的计算表达式，分析活塞平均速度与哪些因素有关，如果增加活塞平均速度，内燃机的功率有什么变化？

② 当曲柄转角为 90°时，连杆摆角是否为最大值？连杆摆角速度、角加速度是否会达到最大值？

③ 根据连杆角位移与曲柄转角的关系式，分析曲柄在何位置时，连杆角位移达到最大值。

④ 改变内燃机运动部件的质量能否改变内燃机的输出功率？

⑤ 连杆的换算质量系统应满足什么条件？

⑥ 内燃机倾覆力矩和输出转矩有什么关系？各自有何特点？

⑦ 当曲柄转角为 90°时，活塞位移是否位于行程一半处？活塞速度、加速度是否会出现最大值？

⑧ 如何平衡离心惯性力？在曲轴曲柄上安装平衡重前后，主轴颈处作用力如何变化？

⑨ 曲柄连杆机构的作用力主要有哪几种？对外做功主要依靠哪种作用力？倾覆力矩由哪种作用力产生？

⑩ 低速二冲程内燃机和四冲程内燃机曲柄连杆机构结构与动力学有何异同？

第3章

主副连杆机构运动学与动力学

V型内燃机构造紧凑，功率密度较高，在工程机械、交通运输、能源等多个领域得到使用。从动力学分析的角度，常用的V型内燃机的曲柄连杆机构可以根据连杆大端连接方法的不同，分为三种机构形式，分别为并列式曲柄连杆机构、叉形曲柄连杆机构和主副连杆机构。

并列式曲柄连杆机构、叉形曲柄连杆机构的运动学及受力情况与正置式曲柄连杆机构相同，可参考2.3节所述内容。本章主要介绍主副连杆机构的运动学和动力学，并介绍主副连杆机构基本尺寸的确定。

3.1 主副连杆机构运动学分析

3.1.1 副活塞运动学分析

对主副连杆机构，副连杆大端并不直接连接在曲柄销上，而是连接在主连杆大端上形成的关节式结构上，与一组正置式曲柄连杆机构共同组成整个运动机构，如图3-1所示。由此，显然主气缸活塞的运动规律与前面的正置式曲柄连杆机构相同，本小节只介绍副气缸活塞的运动规律。

根据主副连杆式曲柄连杆机构的结构特点，可绘制如图3-1（b）所示的机构简图。对比于正置式曲柄连杆机构，图中参数含义如下：

(a) 典型主副连杆结构　　(b) 主副连杆机构简图

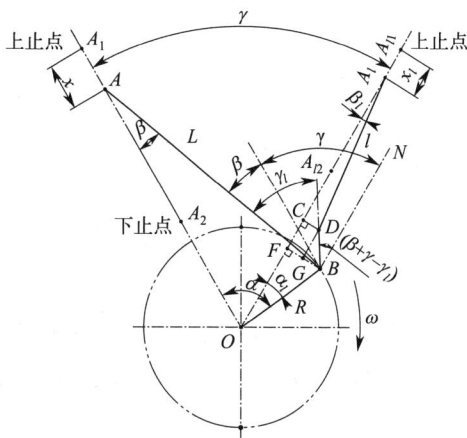

图 3-1　主副式连杆机构

γ 为主副气缸中心线夹角（左侧为主气缸，右侧为副气缸）；l 为副连杆长度，即线段 A_lD；R 为曲柄半径；r 为副连杆销中心至主连杆大端中心距离，即线段 BD，也称为关节半径；γ_l 为关节角；β 为主连杆摆角；β_l 为副连杆摆角；α 为由主气缸中心线算起的曲柄转角；α_l 为由副气缸中心线算起的曲柄转角，显然有 $\alpha_l = \alpha - \gamma$；$Z_l$ 为副活塞处于上止点时刻，曲轴回转中心至副活塞销中心的距离，记为 OA_{l1}。

（1）副活塞位移

根据图 3-1(b) 的几何关系，可以得到副活塞位移的精确公式

$$x_l = OA_{l1} - OA_l = Z_l - (R\cos\alpha_l + r\cos\angle BDG + l\cos\beta_l) \tag{3-1}$$

由图可知

$$\angle ABN = \beta + \gamma = \gamma_l + \angle DBN$$

令 $\varphi = \gamma_l - \gamma$，有

$$\angle DBN = \beta + \gamma - \gamma_l = \beta - (\gamma_l - \gamma) = \beta - \varphi$$

$\angle BDG$ 与 $\angle DBN$ 为内错角，两角相等，代入式(3-1)，可得

$$\begin{aligned} x_l &= Z_l - [R\cos\alpha_l + r\cos(\beta + \gamma - \gamma_l) + l\cos\beta_l] \\ &= Z_l - [R\cos\alpha_l + r\cos(\beta - \varphi) + l\cos\beta_l] \end{aligned} \tag{3-2}$$

即 $x_l = f(Z_l, R, r, l, \alpha_l, \beta, \varphi, \beta_l)$，表明副活塞位移是由多参数共同决定的函数。其中，$Z_l$、$R$、$r$、$l$、$\varphi$ 为内燃机的结构参数，对于确定的内燃机，它们是常数，因此函数可简化为 $x_l = f(\alpha_l, \beta, \beta_l)$。

为获取单一的副活塞位移与曲柄转角的对应关系，考虑将 β、β_l 消掉，有

$$\sin\beta = \frac{R}{L}\sin\alpha = \frac{R}{L}\sin(\alpha_l + \gamma) = \lambda\sin(\alpha_l + \gamma) \tag{3-3}$$

$$\begin{aligned} \sin\beta_l &= \frac{CD}{l} = \frac{BF - BG}{l} = \frac{1}{l}[R\sin\alpha_l - r\sin(\beta + \gamma - \gamma_l)] \\ &= \frac{R}{l}\sin\alpha_l - \lambda_l\sin(\beta + \gamma - \gamma_l) = \frac{R}{l}\sin\alpha_l - \lambda_l\sin(\beta - \varphi) \end{aligned} \tag{3-4}$$

式中，$\lambda_l = \dfrac{r}{l}$。

由三角函数展开，可得

$$\cos\beta = \sqrt{1 - (\sin\beta)^2} = 1 - \frac{1}{2}\lambda^2 [\sin(\alpha_l + \gamma)]^2 \tag{3-5}$$

$$\cos\beta_l = \sqrt{1 - (\sin\beta_l)^2} = 1 - \frac{1}{2}(\sin\beta_l)^2 \tag{3-6}$$

将式(3-3)～式(3-6)代入式(3-2)中，计算可得**副活塞位移的精确式**。继续化简，省略数值较小的、高次项的数值，如具有 λ 的 4 次方以上的项，得到

$$x_l = A_0 - R[A\cos\alpha_l + B\sin\alpha_l + C\cos(2\alpha_l) + D\sin(2\alpha_l)] \tag{3-7}$$

式中，有

$$A_0 = Z_l - \left(1 - \frac{\lambda^2}{4}\right)r\cos\varphi - l\left[1 - \frac{R^2}{4l^2} - \frac{r^2}{2l^2}\sin^2\varphi + \frac{rR^2}{2Ll^2}\cos\gamma\cos\varphi - \frac{r^2\lambda^2}{4l^2}\cos(2\varphi)\right]$$

$$A = 1 + \frac{r}{L}\sin\varphi\sin\gamma + \frac{r^2}{2Ll}\sin(2\varphi)\sin\gamma + \frac{r\lambda^2}{8}\sin\varphi\sin(2\gamma)$$

$$B = -\frac{r}{l}\sin\varphi + \frac{r}{L}\sin\varphi\cos\gamma + \frac{r^2}{2Ll}\sin(2\varphi)\cos\gamma + \frac{r\lambda^2}{4l}\sin\left[1 + \frac{1}{2}\cos(2\gamma)\right]$$

$$C = \frac{R}{4l} - \frac{r\lambda}{2l}\cos\varphi\cos\gamma + \frac{r\lambda}{4L}\cos\varphi\cos(2\gamma) + \frac{r^2\lambda}{4Ll}\cos(2\varphi)\cos(2\gamma)$$

$$D = \frac{r\lambda}{2l}\cos\varphi\sin\gamma - \frac{r\lambda}{4L}\cos\varphi\sin(2\gamma) - \frac{r^2\lambda}{4Ll}\sin(2\gamma)\cos(2\varphi)$$

显然，式(3-7)用于求解副活塞位移过于复杂，在工程应用中，通常对式(3-7)进一步整理，可得到常用的**副活塞位移的近似式**，即

$$x_l = A_0 - R\left\{A\left[\cos\alpha_l - \left(-\frac{B}{A}\right)\sin\alpha_l\right] + C\left[\cos(2\alpha_l) + \frac{D}{C}\sin(2\alpha_l)\right]\right\} \tag{3-8}$$

如令 $-\dfrac{B}{A} = \tan\phi$，$\dfrac{D}{C} = \tan\zeta$，$\dfrac{A}{\cos\phi} = E$，$\dfrac{4C}{\cos\zeta} = F$

则由式(3-8)可获得一般常见的副活塞位移近似式，即式(3-9)。

$$x_l = A_0 - R\left\{\frac{A}{\cos\phi}(\cos\alpha_l\cos\phi - \sin\alpha_l\sin\phi) + \frac{C}{\cos\zeta}[\cos(2\alpha_l)\cos\zeta + \sin(2\alpha_l)\sin\zeta]\right\}$$

$$= A_0 - R\left[E\cos(\alpha_l + \phi) + \frac{F}{4}\cos(2\alpha_l - \zeta)\right] \tag{3-9}$$

（2）副活塞速度

副活塞运动速度的精确公式可由式(3-2)对时间求一次导数而得，即

$$v_l = R\omega\sin\alpha_l + r\dot\beta\sin(\beta - \varphi) + l\dot\beta_l\sin\beta_l$$

$$= R\omega\left[\sin\alpha_l + \frac{r}{R}\frac{\dot\beta}{\omega}\sin(\beta - \varphi) + \frac{l}{R}\frac{\dot\beta_l}{\omega}\sin\beta_l\right] \tag{3-10}$$

对式(3-3)微分得

$$\frac{\mathrm{d}\beta}{\mathrm{d}t}\cos\beta = \frac{\mathrm{d}\alpha_l}{\mathrm{d}t}\lambda\cos(\alpha_l + \gamma)$$

对式(3-4) 微分得

$$\frac{\mathrm{d}\beta_l}{\mathrm{d}t}\cos\beta_l = \frac{\mathrm{d}\alpha_l}{\mathrm{d}t}\frac{R}{l}\cos\alpha_l - \frac{\mathrm{d}\beta}{\mathrm{d}t}\frac{r}{l}\cos(\beta - \varphi)$$

而 $\dfrac{\mathrm{d}\alpha}{\mathrm{d}t} = \dfrac{\mathrm{d}\alpha_l}{\mathrm{d}t} = \omega$, $\sin\beta_l = \dfrac{R}{l}\sin\alpha_l - \dfrac{r}{l}\sin(\beta - \varphi)$, 所以有

$$\frac{\dot{\beta}}{\omega} = \frac{\lambda\cos(\alpha_l + \gamma)}{\cos\beta}$$

$$\frac{\dot{\beta}_l}{\omega} = \left[\frac{R}{l}\cos\alpha_l - \frac{\lambda\cos(\alpha_l + \gamma)}{\cos\beta}\frac{r}{l}\cos(\beta - \varphi)\right]/\cos\beta_l$$

代入式(3-10),可得**副活塞速度的精确式**

$$v_l = R\omega\left[\sin(\alpha_l + \beta_l) + \frac{r}{L}\frac{\cos(\alpha_l + \gamma)}{\cos\beta}\sin(\beta - \varphi - \beta_l)\right]/\cos\beta_l \tag{3-11}$$

而式(3-9) 对时间求一次导数,可直接得出**副活塞速度的近似式**,即

$$v_l = R\omega\left[E\sin(\alpha_l + \phi) + \frac{F}{2}\sin(2\alpha_l - \zeta)\right] \tag{3-12}$$

(3) 副活塞加速度

对 v_l 的表达式进一步求导可得 a_l,过程相似,这里不再复述。副活塞加速度的精确公式如下:

$$a_l = R\omega^2\left\{\frac{\cos(\alpha_l + \beta_l)}{\cos\beta_l} - \frac{r}{L\cos\beta}\left[\frac{\sin(\beta - \varphi - \beta_l)}{\cos\beta_l}\sin(\alpha_l + \gamma)\right.\right.$$
$$\left.\left. - \frac{\lambda\cos^2(\alpha_l + \gamma)}{\cos^2\beta}(\cos\varphi - \tan\beta_l\sin\varphi)\right] + \frac{R}{l\cos^3\beta_l}\left[\cos\alpha_l - \frac{r\cos(\alpha_l + \gamma)\cos(\beta - \varphi)}{L\cos\beta}\right]^2\right\}$$

$$\tag{3-13}$$

副活塞加速度的近似公式如下:

$$a_l = R\omega^2\left[E\cos(\alpha_l + \phi) + F\cos(2\alpha_l - \zeta)\right] \tag{3-14}$$

3.1.2 副连杆运动学分析

副连杆摆动的角位移 β_l 可由式(3-4) 计算。

$$\beta_l = \arcsin\left[\frac{R}{l}\sin\alpha_l - \frac{r}{l}\sin(\beta - \varphi)\right] \tag{3-15}$$

将式(3-15) 对时间 t 微分,得副连杆摆动的角速度为

$$\dot{\beta}_l = \frac{\omega}{\cos\beta_l}\left[\frac{R}{l}\cos\alpha_l - \frac{\dot{\beta}}{\omega} \times \frac{r}{l}\cos(\beta - \varphi)\right] \tag{3-16}$$

将式(3-16) 对时间 t 微分,得副连杆摆动的角加速度为

$$\ddot{\beta}_l = -\frac{\omega^2}{\cos\beta_l}\left[\frac{R}{l}\sin\alpha_l + \frac{\ddot{\beta}}{\omega^2}\times\frac{r}{l}\cos(\beta-\varphi) - \left(\frac{\dot{\beta}}{\omega}\right)^2\times\frac{r}{l}\sin(\beta-\varphi) - \left(\frac{\dot{\beta}_l}{\omega}\right)^2\sin\beta_l\right] \quad (3\text{-}17)$$

可以验证，若令 $r=0$，$\varphi=0$，$\gamma=0$，$l=L$，则由副连杆运动学公式可以推得正置式曲柄连杆机构的相应公式，这为计算机程序编制提供了方便（对于正置式和 V 型机可编写通用程序）。

3.1.3 副活塞的运动特点

用 3.1.1 所述公式可求出不同曲柄转角对应的副活塞位移、速度和加速度，此时必须首先求出 Z_l 值。Z_l 表示副活塞处于上止点位置时，曲轴回转中心到副活塞销中心的距离，而与此时刻相对应的曲柄转角是未知的，可利用活塞在上、下止点时速度为零的条件，采用迭代逼近的方法将其求出。具体的步骤如下。

由式（3-10）可知，活塞在上、下止点时的曲柄转角应为

$$\alpha_l' = \arcsin\left[-\frac{r\dot{\beta}}{R\omega}\sin(\beta-\varphi) - \frac{l\dot{\beta}_l}{R\omega}\sin\beta_l\right] \quad (3\text{-}18)$$

式中

$$\begin{cases}
\beta = \arcsin[\lambda\sin(\alpha_l+\gamma)] \\[2mm]
\dot{\beta} = \dfrac{\omega\lambda\cos(\alpha_l+\gamma)}{\cos\beta} \\[2mm]
\beta_l = \arcsin\left[\dfrac{R}{l}\sin\alpha_l - \dfrac{r}{l}\sin(\beta-\varphi)\right] \\[2mm]
\dot{\beta}_l = \dfrac{\omega}{\cos\beta_l}\left[\dfrac{R}{l}\cos\alpha_l - \dfrac{\dot{\beta}r}{\omega l}\cos(\beta-\varphi)\right]
\end{cases} \quad (3\text{-}19)$$

定义副活塞处于上止点时对应的曲柄转角为 α_{l1}，由于 α_{l1} 在 0°附近，可先设迭代初值 $\alpha_{l1}=0°$，依次代入式（3-19）、式（3-18）求出 α_{l1}'，再将得到的 α_{l1}' 值代入式（3-19）求出新的 α_{l1}''，如此迭代，直至两次计算值之差在允许精度范围之内，则认为此时的 α_{l1}'' 值为副活塞处于上止点时的曲柄转角。同理，可求出活塞位于下止点时的曲柄转角，但此时迭代初值可设 $\alpha_{l2}=180°$。

求出 α_{l1} 值后，代入式（3-2），并令 $x_l=0$，即可求出 Z_l，再将 α_{l2} 的值代入式（3-2）就可求出副缸活塞的行程，即

$$S_l = [R\cos\alpha_{l1} + r\cos(\beta_1-\varphi) + l\cos\beta_{l1}] - [R\cos\alpha_{l2} + r\cos(\beta_2-\varphi) + l\cos\beta_{l2}] \quad (3\text{-}20)$$

由此，基于式（3-1）就可以绘制副活塞的位移曲线。主缸与副缸活塞运动规律的差别如图 3-2 所示。关于图中的横坐标，对于主缸活塞，相应的曲柄转角为 α；对于副缸活塞，相应的曲柄转角为 α_l。

由图 3-2 和前述各式可以看出，副缸活塞运动关系上具有以下两个特点。第一，副缸活塞与主缸活塞在位移、速度和加速度的数值及变化规律上是不同的，副活塞这些参数是不对称的，这使主、副缸惯性力的平衡和扭转振动的计算都变得更加复杂。第二，由于副缸的

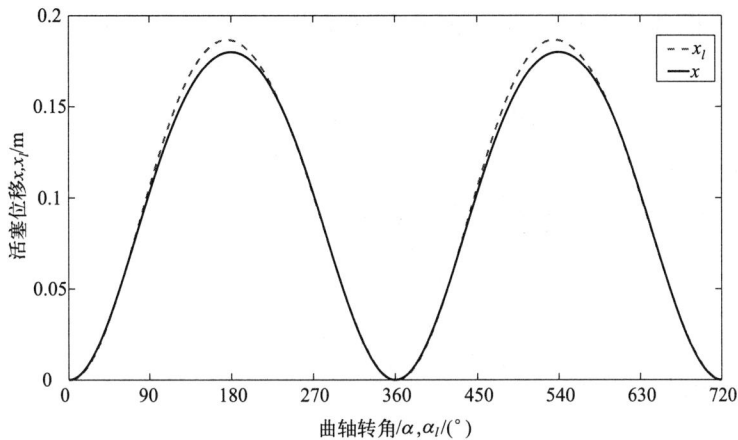

图 3-2　主、副活塞位移曲线对比

α_{l1} 和 α_{l2} 与主缸的不一样，会给主、副缸喷油定时与配气定时的一致性带来不利影响。

进一步分析，有以下三点需要进一步说明的内容。

（1）上止点偏角 α_{l1} 和下止点偏角 $180°-\alpha_{l2}$

如图 3-1 所示，当曲柄与副气缸中心线重合时，副活塞并不处于上、下止点位置。当 $v_l=0$ 时，副气缸活塞到达上、下止点，此时曲柄位置也并不像主气缸活塞那样与副气缸中心线重合，而是有一个偏角 α_{l1} 及 $180°-\alpha_{l2}$，分别称为上止点偏角和下止点偏角。主副活塞运动规律曲线也可以说明这点。

利用副活塞速度的近似公式计算，在上止点有

$$R\omega\left[E\sin(\alpha_{l1}+\phi)+\frac{F}{2}\sin(2\alpha_{l1}-\zeta)\right]=0$$

将上式展开，即

$$E\sin\alpha_{l1}\cos\phi+E\cos\alpha_{l1}\sin\phi+\frac{F}{2}\sin(2\alpha_{l1})\cos\zeta-\frac{F}{2}\cos(2\alpha_{l1})\sin\zeta=0$$

由于 α_{l1} 和 ϕ 值都很小，故

$$\begin{cases}2\sin\alpha_{l1}\approx\sin(2\alpha_{l1})\\2\sin\phi\approx\sin(2\phi)\\\cos\alpha_{l1}\approx\cos(2\alpha_{l1})\\\cos\phi\approx\cos(2\phi)\end{cases}$$

代入上式得

$$\sin(2\alpha_{l1})\left[E\cos(2\phi)+F\cos\zeta\right]-\cos(2\alpha_{l1})\left[F\sin\zeta-E\sin(2\phi)\right]=0$$

所以上止点偏角为

$$\alpha_{l1}=\frac{1}{2}\arctan\left[\frac{F\sin\zeta-E\sin(2\phi)}{F\cos\zeta+E\cos(2\phi)}\right]$$

同理，下止点偏角为

$$\alpha_{l2}=\frac{1}{2}\arctan\left[\frac{F\sin\zeta+E\sin(2\phi)}{F\cos\zeta-E\cos(2\phi)}\right]$$

V型主副连杆式内燃机常用的上、下止点偏角为

$$\begin{cases} \alpha_{l1} = \pm 0.5° \sim 3° \\ 180° - \alpha_{l2} = \pm 0.5° \sim 10° \end{cases}$$

（2）副活塞行程 S_l

如上所述，由于上、下止点偏角很小，为简化计算，假设 $\alpha_{l1} \approx 0°$ 和 $\alpha_{l2} \approx 180°$，可以得出

$$\sin\beta_1 = \lambda \sin\alpha = \lambda \sin(\alpha_{l1} + \gamma) = \lambda \sin\gamma$$

$$\sin\beta_2 = \lambda \sin(\alpha_{l2} + \gamma) = -\lambda \sin\gamma$$

$$\sin\beta_{l1} = \frac{R}{l}\sin\alpha_{l1} - \lambda_l \sin(\beta + \gamma - \gamma_l) = -\lambda_l \sin(\beta_1 - \varphi)$$

$$\sin\beta_{l2} = -\lambda_l \sin(\beta_2 - \varphi)$$

又有

$$\cos\beta_1 = \sqrt{1 - (\sin\beta_1)^2} = 1 - \frac{1}{2}\lambda^2 (\sin\gamma)^2$$

$$\cos\beta_2 = \sqrt{1 - (\sin\beta_2)^2} = 1 - \frac{1}{2}\lambda^2 (\sin\gamma)^2$$

$$\cos\beta_{l1} = \sqrt{1 - (\sin\beta_{l1})^2} = 1 - \frac{1}{2}\lambda_l^2 [\sin(\beta_1 - \varphi)]^2$$

$$\cos\beta_{l2} = \sqrt{1 - (\sin\beta_{l2})^2} = 1 - \frac{1}{2}\lambda_l^2 [\sin(\beta_2 - \varphi)]^2$$

代入式(3-20)，推导可得

$$S_l \approx 2R + 2 \times \frac{Rr}{L}\left(1 + \frac{r}{l}\right)\sin\gamma \sin(\gamma_l - \gamma) \tag{3-21}$$

一般情况下，$\gamma_l > \gamma$，所以当 $\gamma < 180°$ 时，$S_l > 2R$。

（3）副活塞运动速度和加速度形态

由于副活塞运行存在上止点偏角 α_{l1} 和下止点偏角 $180° - \alpha_{l2}$，此时活塞在上行和下行时转过的曲柄角度不一样，即活塞上行下行经历的时间不相等，下行时副气缸活塞曲柄转角为 $\alpha_{l2} - \alpha_{l1}$，上行时曲柄转角为 $360° - (\alpha_{l2} - \alpha_{l1})$。因此，副活塞运动速度和加速度曲线不像主气缸活塞那样对称，主、副气缸活塞运动速度和加速度曲线分别如图3-3(a)(b)所示。

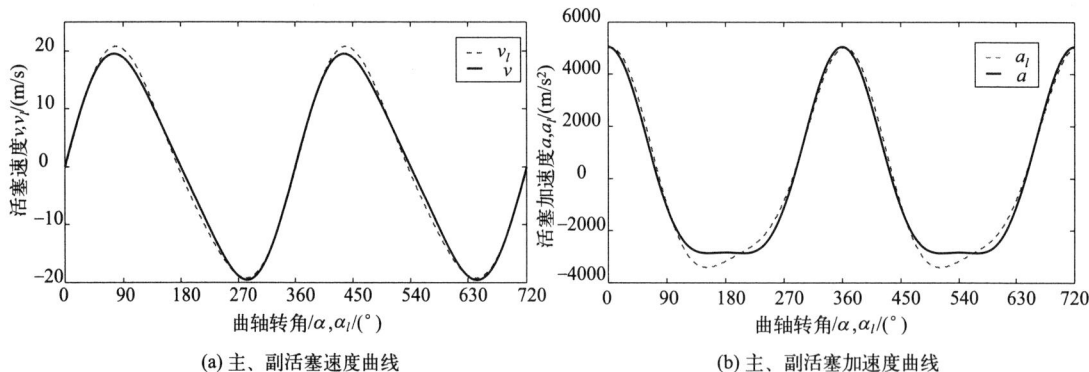

(a) 主、副活塞速度曲线　　　　(b) 主、副活塞加速度曲线

图 3-3　主副活塞速度和加速度对比

3.1.4 副连杆销的运动规律

为确定副连杆销在内燃机工作时的瞬时位置及其运动规律，基于其几何特点建立坐标系，即以曲轴回转中心为原点，以主气缸中心线为 y 轴，并取其垂直指向副气缸中心线方向为 x 轴，如图 3-4 所示。

显然对该坐标系，任一时刻副连杆销 D 点的坐标可表示为

$$\begin{cases} x_D = R\sin\alpha + r\sin(\gamma_l - \beta) \\ y_D = R\cos\alpha + r\cos(\gamma_l - \beta) \end{cases} \tag{3-22}$$

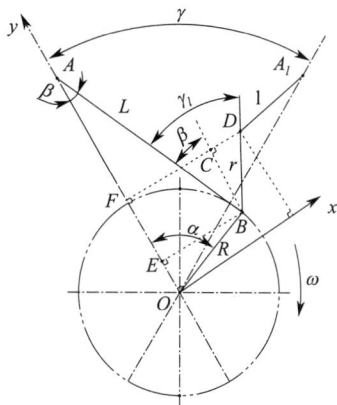

图 3-4 副连杆销运动分析

将式（3-22）对时间求二阶导数，得 x 和 y 方向加速度为

$$\begin{cases} a_{Dx} = \omega^2\left[-R\sin\alpha + r\cos(\gamma_l - \beta)\dfrac{R}{L}\sin\alpha\sec\beta - r\dfrac{R^2}{L^2}\cos^2\alpha\sin\gamma_l\sec^3\beta\right] \\ a_{Dy} = \omega^2\left[-R\cos\alpha + r\sin(\gamma_l - \beta)\dfrac{R}{L}\sin\alpha\sec\beta - r\dfrac{R^2}{L^2}\cos^2\alpha\sin\gamma_l\sec^3\beta\right] \end{cases} \tag{3-23}$$

即可得到总加速度为

$$a_D = \sqrt{a_{Dx}^2 + a_{Dy}^2} \tag{3-24}$$

3.1.5 主副气缸中心线的夹角

V 型内燃机采用主副连杆机构时，主连杆及主活塞的运动学与正置式曲柄连杆机构完全相同。由于副缸的曲柄连杆机构采用了关节机构，副活塞、副连杆的运动产生差异，其特点可见上面章节的推导。在内燃机设计中，根据已确定的主连杆长度 L、主副气缸中心线夹角 γ 及曲柄半径 R 等结构参数，可通过优化设计方法对关节角 γ_l、关节半径 r 及副连杆长度 l 等参数进行优化，以减小关节机构对副气缸运动学带来的差异。

主副连杆机构有两种不同的设计思路。第一种，取 $\gamma_l = \gamma$，它的优点是可以保证主、副缸有相近的活塞行程 S 和相同的几何压缩比 ε，但是主连杆承受来自副缸的附加弯曲力矩，以及主缸活塞承受来自副缸的附加侧推力比较大。第二种，取 $\gamma_l > \gamma$，它降低了主连杆的附加弯曲力矩以及主缸活塞上的附加侧推力，但进一步给主、副活塞行程和压缩比带来差异。

一般情况下，取 γ_l 比 γ 大一些。参考文献 [5]，常见的采用主副连杆机构的 V 型内燃机结构参数见表 3-1。

表 3-1 几种 V 型内燃机主副连杆机构的结构参数

代号	$\gamma/(°)$	ε	R/mm	L/mm	λ	r/mm	i/mm	$\gamma_l/(°)$	$\varphi/(°)$	行程 $S/S_l/mm$
$12V\dfrac{150}{180}$	60	14.5	90	320	0.281	82	238.4	67	7	180/186.7

代号	$\gamma/(°)$	ε	R/mm	L/mm	λ	r/mm	i/mm	$\gamma_l/(°)$	$\varphi/(°)$	行程 S/S_l/mm
$12V\frac{180}{200}$	60	13.5	100	350	0.286	94	256	68.5	8.5	200/209.8
$12V\frac{240}{260}$	45	13	130	570	0.228	175	395	54.5	9.5	260/273.5
$8V\frac{160}{170}$	90	13±0.5	85	310	0.274	85	225	98°20′	8°20′	170/180.8
$12V\frac{160}{180}$	60	16	90	320	0.281	85	235	68°29′	8°29′	180/188.51
$12V\frac{150}{160}$	60	13	80	320	0.25	87	233	67	7	160/166.4

3.2 主副连杆机构动力学分析

3.2.1 换算质量

副活塞的换算质量可简化至副活塞销中心，包括副活塞、活塞环、活塞销，显然简化后的上述质量整体做往复直线运动，换算质量可记为 m_{pl}。

副连杆的质量换算原则与 2.2 节相同，见图 3-5。集中在副连杆小端 E 点的换算质量为

$$m_{clE} = m_{cl}\frac{l_D}{l}$$

集中在副连杆销端 D 点的换算质量为

$$m_{clD} = m_{cl}\frac{l_E}{l}$$

式中，m_{cl} 为副连杆质量；l_E 为副活塞销中心至副连杆重心的距离；l_D 为副连杆销中心至副连杆重心的距离。

考虑集中在副连杆销端 D 点的换算质量，对于主连杆来说，其质量分配是不对称的，但为了简化计算，假定其重心处于主连杆中心线上，即将 D 点投影至主连杆中心线上，这样考虑了副连杆销端换算质量 m_{clD} 的影响后，主连杆小端处的换算质量变为

$$m'_{cA} = m_c\frac{L_B}{L} + m_{clD}\frac{r\cos\gamma_l}{L}$$

主连杆大端处的换算质量为

$$m'_{cB} = m_c\frac{L_A}{L} + m_{clD}\frac{L - r\cos\gamma_l}{L}$$

式中，m_c 是主连杆质量。

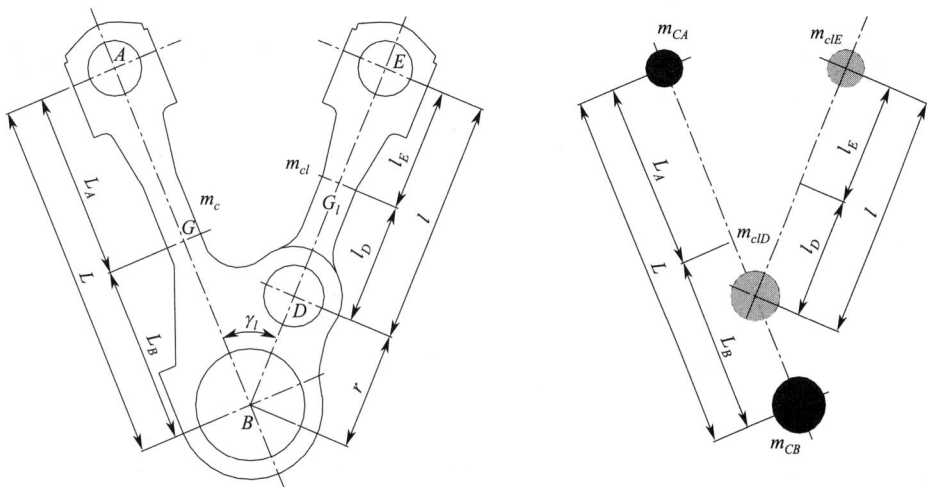

图 3-5　连杆质量换算示意图

3.2.2　主副连杆机构的作用力情况及计算

（1）副气缸气体压强的确定

在设计内燃机时，常希望主、副气缸中的热力过程相同，即主、副气缸的示功图相同。实际上，如式(3-21)所示，副活塞的行程往往略大于主活塞的行程，副气缸的工作容积大于主气缸，吸入空气量略多。为使主副气缸热力过程趋于相同，通常让主气缸有恰当的过量空气系数（定义为 1kg 燃料所实际供给的空气质量与完全燃烧 1kg 燃料所用的空气质量之比），这样副气缸的过量空气系数偏大，同时保证主、副气缸喷油量相同，从而实现主、副气缸压力变化一致。

除采用缸压传感器直接测量缸内气体压强外，副气缸气体压强还可以直接从主气缸示功图上量取。此方法的前提是认为主、副气缸压力大体相同，并认为在相同的活塞位移与冲程百分比之下，具有相同的气体压强。

在图 3-6 所示的示功图上，S 为示功图上主活塞行程，S_l 为对应的副活塞行程，取值时先计算曲柄转角 α_l 对应的副活塞位移 x_l，与此时刻对应的主活塞位移 x 利用比例关系 $\dfrac{S_l}{x_l}=\dfrac{S}{x}$，有 $x=\dfrac{x_l}{S_l}S$。

在图 3-6 的横轴上量取 $\dfrac{x_l}{S_l}S$，则曲柄转角 α_l 对应的 p_{gl} 即为所求时刻的副气缸压力。

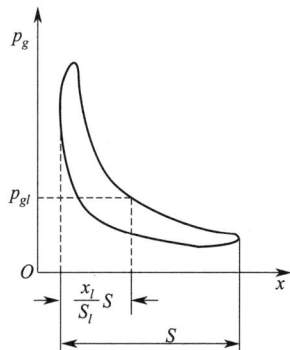

图 3-6　主气缸示功图

（2）副活塞侧推力和副连杆推力

副活塞销处主要受到气体压力和参与往复运动质量产生的惯性力作用。副连杆机构的往复惯性力可表示为

$$m_{jl} = m_{pl} + m_{clE}$$

$$p_{jl} = -(m_{pl} + m_{clE})a_l/(\pi D^2/4)$$

结合气体压强，副气缸中心线处的合力为

$$p_l = p_{gl} + p_{jl} = p_{gl} - \frac{m_{pl} + m_{clE}}{\pi D^2/4}a_l$$

$$= p_{gl} - \frac{m_{pl} + m_{clE}}{\pi D^2/4}R\omega^2\left[E\cos(\alpha_l + \phi) + F\cos(2\alpha_l - \zeta)\right]$$

如图 3-7 所示，把 p_l 分解为两个分力，即垂直于副气缸中心线的副活塞侧推力 p_{Hl}，以及沿副连杆中心线的副连杆推力 p_{Cl}，分别为

$$p_{Hl} = p_l\tan\beta_l$$

$$p_{Cl} = p_l/\cos\beta_l$$

式中，β_l 由式(3-4) 求得。

（3）主连杆附加弯曲力矩和主活塞附加侧推力

p_{Cl} 既作用在副连杆销 D 点，又作用在曲柄销 B 点，曲柄销所受副连杆推力相当于把 p_{Cl} 从 D 点平移到 B 点。参考力系的平移，在 B 点加一对大小相等、方向相反的力 p_{Cl}，这样，p_{Cl} 沿着副连杆作用到曲柄销 B 点时，相当于一个副连杆推力 p_{Cl} 和一个力偶，该力偶定义为主连杆附加弯曲力矩 M_{ad}。

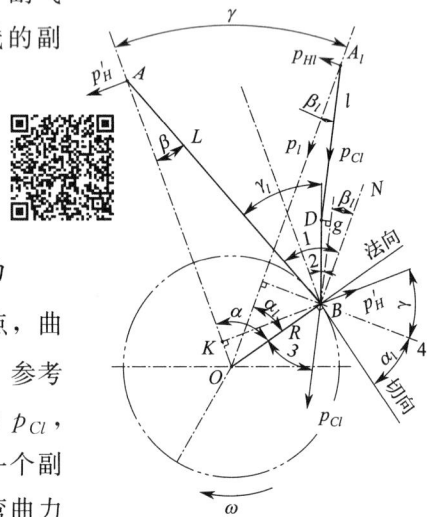

图 3-7　副连杆机构上的力

$$M_{ad} = p_{Cl}\overline{Dg} = p_{Cl}r\sin(\beta - \beta_l - \varphi)$$

式中，$\varphi = \gamma_l - \gamma$。

下面进行力臂 $\overline{Dg}$ 的求解，经 B 点分别作主、副气缸中心线的平行线，可得到以下的角度关系：

$$\angle 1 = \gamma + \beta = \gamma_l + \angle 2 + \beta_l$$

所以，$\angle 2 = \beta - \beta_l - (\gamma_l - \gamma) = \beta - \beta_l - \varphi$。故力臂 $\overline{Dg} = r\sin(\beta - \beta_l - \varphi)$。

显然，M_{ad} 使主连杆弯曲，故称为主连杆附加弯曲力矩。主连杆附加弯曲力矩可传至主连杆上，相当于力偶矩 $p'_H\overline{AK}$ 对主连杆的作用，即

$$p'_H\overline{AK} = M_{ad}$$

$$p'_H = M_{ad}/(L\cos\beta)$$

$$= p_l\frac{r}{L}\sin(\beta - \beta_l - \varphi)/(\cos\beta\cos\beta_l)$$

可见，附加弯曲力矩还使主气缸活塞与缸套间产生附加侧推力，加重了主连杆机构的机

械负荷。

（4）曲柄销处的作用力

综合来看，由副连杆传至曲柄销的作用力包括 p'_H 和 p_{Cl} 两项，可将其分解为切向力和法向力，即

$$p_{TL} = p_{Cl}\sin\angle 3 + p'_H\cos\angle 4$$
$$p_{NL} = p_{Cl}\cos\angle 3 + p'_H\sin\angle 4$$

由几何关系，有 $\angle 3 = \alpha_l + \beta_l$，$\angle 4 = \alpha_l + \gamma$

所以

$$p_{TL} = p_{Cl}\sin(\alpha_l + \beta_l) + p'_H\cos(\alpha_l + \gamma)$$

而真实情况下

$$p_{NL} = p_{Cl}\cos(\alpha_l + \beta_l) - p'_H\sin(\alpha_l + \gamma)$$

曲柄销上的总切向力与法向力按主、副气缸发火相位差将两气缸作用力按代数和叠加求得

$$p_{TW} = p_T + p_{TL}$$
$$p_{NW} = p_N + p_{NL}$$

类似地，主气缸中的侧推力为

$$p_{HS} = p_H + p'_H$$

（5）主连杆机构的惯性力

对主副连杆机构，主连杆的惯性力受到副连杆销中心等效质量的影响，主连杆大端、小端的等效质量产生变化，影响其惯性力数值。

由换算质量，主连杆小端的往复惯性力为

$$P_j = -m_j a = -\left(m_p + m_c\frac{L_B}{L} + m_{clD}\frac{r\cos\gamma_l}{L}\right)a$$

曲柄销处的离心惯性力为

$$P_r = -m_r R\omega^2 = \left(m_k + m_c\frac{L_A}{L} + m_{clD}\frac{L - r\cos\gamma_l}{L}\right)R\omega^2$$

3.3 主副连杆机构基本尺寸确定

3.3.1 确定基本尺寸的约束条件

由主副连杆机构运动学和动力学的分析可知，主连杆和副连杆结构参数之间有密切的关系。在设计阶段，首先根据内燃机的技术要求选定主连杆机构的基本尺寸，如气缸直径 D、行程 S、连杆长度 L、主副气缸中心线夹角 γ 等，然后进一步确定副连杆机构的基本尺寸，

如关节半径 r、副连杆长度 l 和关节角 γ_l（或 $\varphi = \gamma_l - \gamma$）等。

主连杆机构基本尺寸确定后，副连杆机构的尺寸参数受内燃机某些要求所约束，需要遵循一定原则选取，主要包括以下几点。

① 主、副气缸的压缩比相同：$\varepsilon = \varepsilon_l$。这意味着当供油和配气定时相同时，主、副气缸中的热力过程也相同。

② 主、副气缸体高度相同：$H = H_l$。这就需要 $h + L + R = h_l + Z_l$（见图 3-8），这一要求的目的在于使主、副气缸体的外形匀称美观，制造方便，同时还能使主、副气缸的气门和供油系统等传动机构采用相同的尺寸，满足内燃机结构设计、制造、维护、成本方面的需要。

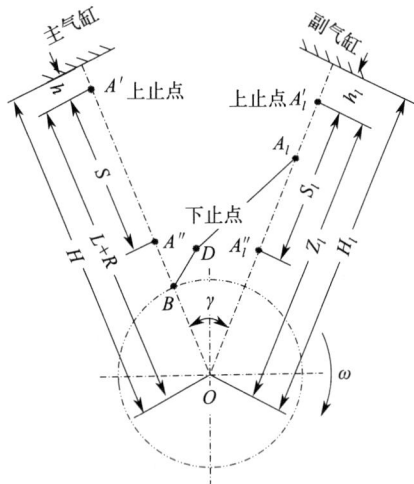

图 3-8　主、副气缸高度

③ 主、副气缸的活塞行程相等：$S = S_l$。这可使主、副气缸的工作容积和所做的功相等，从而使内燃机各缸输出转矩均匀，对内燃机和负载的工作有利。

④ 副活塞的上、下止点偏角要尽可能小。减小上、下止点偏角，有助于缩小主、副气缸正时的差异。上止点偏角越小，主连杆附加弯曲力矩和主活塞附加侧推力也越小。

上述要求在某些情况下是彼此矛盾的，在设计内燃机时不一定全部满足。在不同的约束条件下，副连杆机构的尺寸参数也将出现一定的差异。

3.3.2　副连杆机构基本尺寸的确定

（1）关节半径

为使主连杆重量轻、外形轮廓小，降低主连杆惯性力和连杆修正力偶矩，关节半径值必须尽可能小。同时，为了减小副活塞上、下止点偏角和使副活塞行程接近主活塞行程，以便使主、副连杆机构的运动规律基本一致，也要求关节半径值尽可能减小。基于以上两点理由，选取关节半径值时，应以结构强度所允许的最小 δ 值为原则，如图 3-9 所示，关节半径值为

$$r = r_B + \delta_{\min} + r_D \tag{3-25}$$

式中，r_B 为主连杆大端销孔半径；r_D 为副连杆大端销孔半径。

（2）副连杆长度

副连杆长度常采用推荐值 $l = L - r$。在单轴多列式内燃机中，从加工和维修使用方便出发，常令各副连杆采用相同的结构和尺寸。

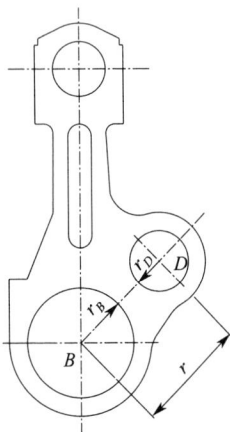

图 3-9　确定关节半径

（3）确定 φ 值

$\varphi = \gamma_l - \gamma$。在主连杆机构基本尺寸确定后，气缸夹角 γ 值已确定，所以计算出 φ 值也等于确定了关节角 γ_l。在常规设计中，φ 值一般采用如下方法计算。

如图 3-8 所示，主气缸压缩比为

$$\varepsilon = \frac{S+h}{h} = \frac{S}{h} + 1$$

所以

$$h = \frac{S}{\varepsilon - 1} = \frac{2R}{\varepsilon - 1}$$

根据主、副气缸体等高的要求，有

$$H_l = H = L + R + h = L + R + \frac{2R}{\varepsilon - 1} = L + R\frac{\varepsilon + 1}{\varepsilon - 1} \tag{3-26}$$

副气缸压缩比为

$$\varepsilon_l = \frac{S_l + h_l}{h_l} = \frac{H_l - \overline{A_l''O}}{H_l - \overline{A_l'O}}$$

根据主、副气缸等压缩比的要求，有

$$\varepsilon = \varepsilon_l = \frac{L + R\dfrac{\varepsilon + 1}{\varepsilon - 1} - \overline{A_l''O}}{L + R\dfrac{\varepsilon + 1}{\varepsilon - 1} - \overline{A_l'O}}$$

式中，$\overline{A_l''O}$ 和 $Z_l - \overline{A_l'O}$ 可由式(3-20)得到，所以

$$\varepsilon = \varepsilon_l = \frac{L + R\dfrac{\varepsilon + 1}{\varepsilon - 1} - [R\cos\alpha_{l2} + r\cos(\beta_2 - \varphi) + l\cos\beta_{l2}]}{L + R\dfrac{\varepsilon + 1}{\varepsilon - 1} - [R\cos\alpha_{l1} + r\cos(\beta_1 - \varphi) + l\cos\beta_{l1}]} \tag{3-27}$$

为了方便计算，式(3-27)整理为 φ 的表达式，即

$$\sin(\varphi + \eta) = \frac{\cos\eta}{\varepsilon\sin\beta_1 - \sin\beta_2}\left[(\varepsilon - 1)\frac{L}{r} + (\varepsilon + 1)\frac{R}{r} - (\varepsilon\cos\beta_{l1} - \cos\beta_{l2})\frac{L}{r}\right.$$
$$\left. - (\varepsilon\cos\alpha_{l1} - \cos\alpha_{l2})\frac{R}{r}\right] \tag{3-28}$$

式中，
$$\eta = \arctan\frac{\varepsilon\cos\beta_1 - \cos\beta_2}{\varepsilon\cos\beta_1 - \sin\beta_2} \tag{3-29}$$

式(3-28)和式(3-29)中各个运动参数，可以参考式(3-3)、式(3-4)，结合副连杆机构在上、下止点的情况，用如下计算式求出：

$$\sin\beta_1 = \lambda\sin(\gamma + \alpha_{l1})$$
$$\sin\beta_2 = \lambda\sin(\gamma + \alpha_{l2})$$
$$\alpha_{l1}(\alpha_{l2}) = \frac{1}{2}\arctan\frac{F\sin\xi \mp E\sin(2\phi)}{F\cos\xi \pm E\cos(2\phi)}$$

$$\sin\beta_{l1} = \frac{R}{l}\sin\alpha_{l1} - \lambda_l\sin(\beta_1 - \varphi)$$

$$\sin\beta_{l2} = \frac{R}{l}\sin\alpha_{l2} - \lambda_l\sin(\beta_2 - \varphi)$$

α_{l1}、α_{l2}、β_1、β_2、β_{l1}、β_{l2} 等参数是 φ 的函数，所以由式（3-28）无法直接求出 φ 值，φ 值的求解一般采用迭代法，即假定 $\alpha_{l1}=0°$、$\alpha_{l2}=180°$、$\beta_{l1}=0°$、$\beta_{l2}=0°$，$l=L-r$，把这些值代入上式便可得 β_1、β_2、η，然后再代入（3-28）并经整理，即可得 φ 第一次试算值的计算式如下：

$$\varphi = \arcsin\frac{(\varepsilon-1)\lambda\sin\gamma}{(\varepsilon+1)+2\sqrt{\varepsilon(1-\lambda^2\sin^2\gamma)}} \tag{3-30}$$

把式（3-30）求出的 φ 值第一次试算重新代入上述各式，得到比较接近的真实数值的 α_{l1}、α_{l2}、β_1、β_2、β_{l1}、β_{l2}。这些值再代入（3-28）就可得到 φ 的第二次试算值，如此反复试算，直到得到有足够精确度的 φ 值为止。

3.4　内燃机动力学计算示例

V 型四冲程主、副连杆式内燃机已知参数如表 3-2 所示，该机主、副气缸示功图如图 3-10 所示。

表 3-2　内燃机动力计算参数表

序号	名称	数值	单位	代号
1	气缸数	12	—	Z
2	内燃机转速	2000	r/min	n
3	有效功率	384.8	kW	N_e
4	气缸直径	0.15	m	D
5	主活塞行程	0.18	m	S
6	主连杆长度	0.32	m	L
7	副连杆长度	0.2384	m	l
8	关节半径	0.082	m	r
9	关节角	67	°	γ_l
10	气缸夹角	60	°	γ
11	活塞组质量	3.872	kg	m_p
12	主连杆质量	5.977	kg	m_c
13	主连杆重心位置	0.2344	—	L_B/L
14	副连杆质量	2.01	kg	m_{cl}
15	副连杆重心位置	0.5	—	l_D/l
16	曲柄质量	6.51	kg	m_k
17	主气缸总的往复质量	5.374	kg	m_j
18	副气缸总的往复质量	4.877	kg	m_{jl}
19	总的不平衡回转质量	11.99	kg	m_r

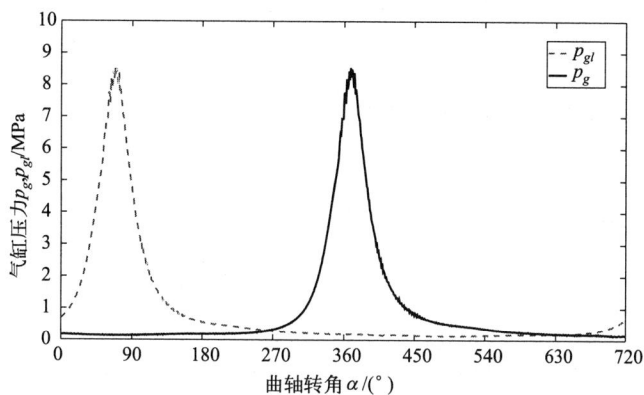

图 3-10　内燃机主、副气缸示功图

　　从基本参数出发，根据主副式内燃机动力计算公式，编制适用于内燃机动力计算的通用计算程序。

3.4.1　各项常数计算

　　根据基本参数公式，各项常数计算结果如下：

$$\omega = \frac{2\pi n}{60} = 209.4 (\text{rad/s})$$

$$\lambda = \frac{R}{L} = 0.2813$$

$$F_p = \frac{\pi}{4} D^2 = 0.0176 (\text{m}^2)$$

$$\lambda_l = \frac{r}{l} = 0.344$$

$$\varphi = \gamma_l - \gamma = 7°$$

$$\frac{r}{L} = 0.2563$$

$$\frac{r\lambda_l}{2L} = 0.0441$$

$$\frac{\lambda^2 \lambda_l}{8} = 0.0034$$

$$\frac{\lambda^2 \lambda_l}{4} = 0.0068$$

$$\frac{R}{4l} = 0.0944$$

$$\frac{\lambda \lambda_l}{2} = 0.0484$$

$$\frac{r\lambda}{4L} = 0.018$$

$$\frac{r\lambda\lambda_l}{4L}=0.0062$$

$$A=1+\frac{r}{L}\sin\varphi\sin\gamma+\frac{r^2}{2Ll}\sin(2\varphi)\sin\gamma+\frac{r\lambda^2}{8}\sin\varphi\sin(2\gamma)=1.0366$$

$$B=-\frac{r}{l}\sin\varphi+\frac{r}{L}\sin\varphi\cos\gamma+\frac{r^2}{2Ll}\sin(2\varphi)\cos\gamma+\frac{r\lambda^2}{4l}\sin\left[1+\frac{1}{2}\cos(2\gamma)\right]=-0.02$$

$$C=\frac{R}{4l}-\frac{r\lambda}{2l}\cos\varphi\cos\gamma+\frac{r\lambda}{4L}\cos\varphi\cos(2\gamma)+\frac{r^2\lambda}{4Ll}\cos(2\varphi)\cos(2\gamma)=0.0584$$

$$D=\frac{r\lambda}{2l}\cos\varphi\sin\gamma-\frac{r\lambda}{4L}\cos\varphi\sin(2\gamma)-\frac{r^2\lambda}{4Ll}\sin(2\gamma)\cos(2\varphi)=0.0209$$

$$\phi=\arctan\left(-\frac{B}{A}\right)=1°7'29''$$

$$\zeta=\arctan\left(\frac{D}{C}\right)=19°40'1''$$

$$E=\frac{A}{\cos\phi}=1.0368$$

$$F=\frac{4C}{\cos\zeta}=0.2482$$

3.4.2　副活塞运动学计算

副活塞在上、下止点时的曲柄转角分别为

$$\alpha_{l1}=\frac{1}{2}\arctan\left[\frac{F\sin\zeta-E\sin(2\phi)}{F\cos\zeta+E\cos(2\phi)}\right]=57'30''$$

$$\alpha_{l2}=\frac{1}{2}\arctan\left[\frac{F\sin\zeta+E\sin(2\phi)}{F\cos\zeta-E\cos(2\phi)}\right]=175°35'$$

副活塞在上、下止点时的主连杆摆角和副连杆摆角分别为

$$\beta_1=\arcsin(\lambda\sin\alpha_1)=\arcsin\left[\lambda\sin(\alpha_{l1}+\gamma)\right]=14°14'6''$$

$$\beta_2=\arcsin(\lambda\sin\alpha_2)=\arcsin\left[\lambda\sin(\alpha_{l2}+\gamma)\right]=-13°25'55''$$

$$\beta_{l1}=\arcsin\left[\frac{R}{l}\sin\alpha_{l1}-\frac{r}{l}\sin(\beta_1-\varphi)\right]=-2°7'12''$$

$$\beta_{l2}=\arcsin\left[\frac{R}{l}\sin\alpha_{l2}-\frac{r}{l}\sin(\beta_2-\varphi)\right]=8°34'8''$$

$$Z_l=R\cos\alpha_{l1}+r\cos(\beta_1-\varphi)+l\cos\beta_{l1}=0.4096(\text{m})$$

$$A_0=Z_l-\left(1-\frac{\lambda^2}{4}\right)r\cos\varphi-l\left[1-\frac{R^2}{4l^2}-\frac{r^2}{2l^2}\sin^2\varphi+\frac{rR^2}{2Ll^2}\cos\gamma\cos\varphi-\frac{r^2\lambda^2}{4l^2}\cos(2\varphi)\right]$$

$$=0.0985(\text{m})$$

由此可求出副缸活塞的行程为

$$S_l=\left[R\cos\alpha_{l1}+r\cos(\beta_1-\varphi)+l\cos\beta_{l1}\right]-\left[R\cos\alpha_{l2}+r\cos(\beta_2-\varphi)+l\cos\beta_{l2}\right]$$

$$=0.1867(\text{m})$$

副活塞位移为

$$x_l = A_0 - R\left[E\cos(\alpha_l + \phi) + \frac{F}{4}\cos(2\alpha_l - \zeta)\right]$$

副活塞速度为

$$v_l = R\omega\left[E\sin(\alpha_l + \phi) + \frac{F}{2}\sin(2\alpha_l - \zeta)\right]$$

副活塞加速度为

$$a_l = R\omega^2\left[E\cos(\alpha_l + \phi) + F\cos(2\alpha_l - \zeta)\right]$$

不同曲柄转角下，副活塞位移、速度、加速度曲线分别如图3-11～图3-13所示。

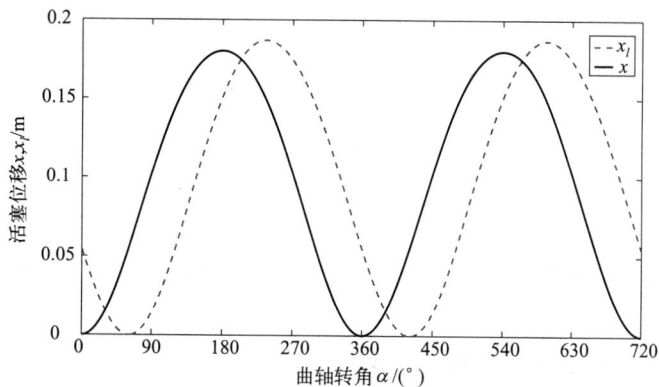

图 3-11 主、副活塞位移曲线

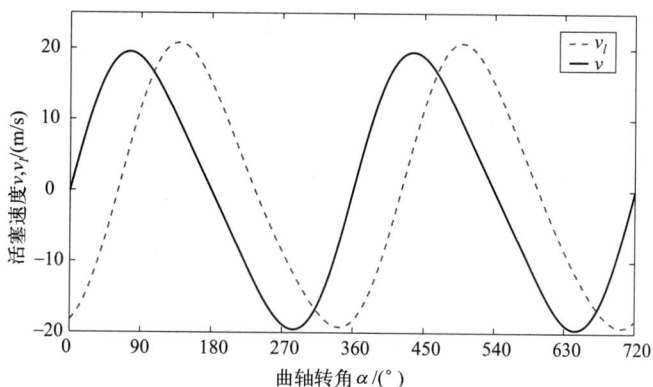

图 3-12 主、副活塞速度曲线

3.4.3 主活塞运动学计算

主活塞位移为

$$x = R(1 - \cos\alpha) + \frac{R\lambda}{4}\left[1 - \cos(2\alpha)\right]$$

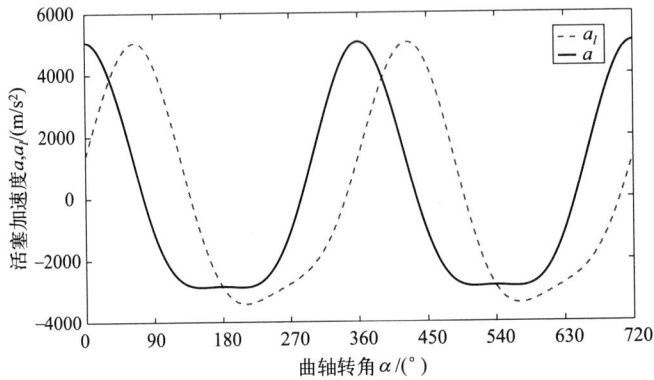

图 3-13 主、副活塞加速度曲线

主活塞速度为

$$v = R\omega \left[\sin\alpha + \frac{\lambda}{2}\sin(2\alpha) \right]$$

主活塞加速度为

$$a = R\omega^2 \left[\cos\alpha + \lambda\cos(2\alpha) \right]$$

不同曲柄转角下，主活塞位移、速度、加速度曲线分别如图 3-11～图 3-13 所示。

3.4.4 主副连杆机构作用力与转矩

副连杆机构作用力公式如下：

$$p_{jl} = -m_{jl}a_l / (\pi D^2/4)$$

$$p_l = p_{gl} + p_{jl} = p_{gl} - \frac{m_{pl} + m_{clE}}{\pi D^2/4} a_l$$

$$p_{Cl} = p_l / \cos\beta_l$$

$$p_{Hl} = p_l \tan\beta_l$$

$$p'_H = p_l \frac{r}{L} \sin(\beta - \beta_l - \varphi) / (\cos\beta\cos\beta_l)$$

$$p_{TL} = p_{Cl}\sin(\alpha_l + \beta_l) + p'_H\cos(\alpha_l + \gamma)$$

$$p_{NL} = p_{Cl}\cos(\alpha_l + \beta_l) - p'_H\sin(\alpha_l + \gamma)$$

不同曲柄转角下，副连杆机构作用力变化曲线分别如图 3-14 和图 3-15 所示。

主连杆机构作用力公式如下：

$$p_j = -m_j a / (\pi D^2/4)$$

$$p = p_g + p_j$$

$$p_H = p \tan\beta$$

$$p_C = p \frac{1}{\cos\beta}$$

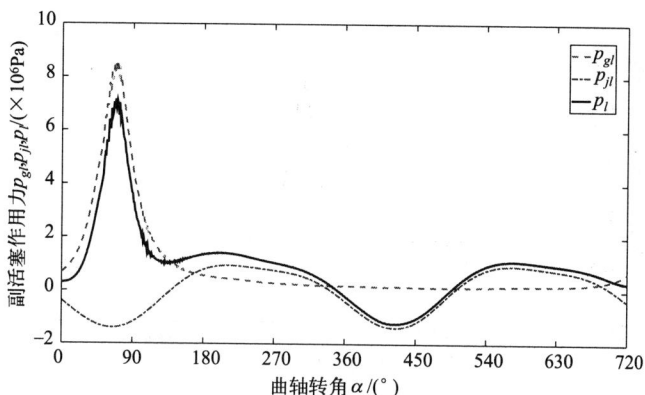

图 3-14   副活塞作用力变化曲线

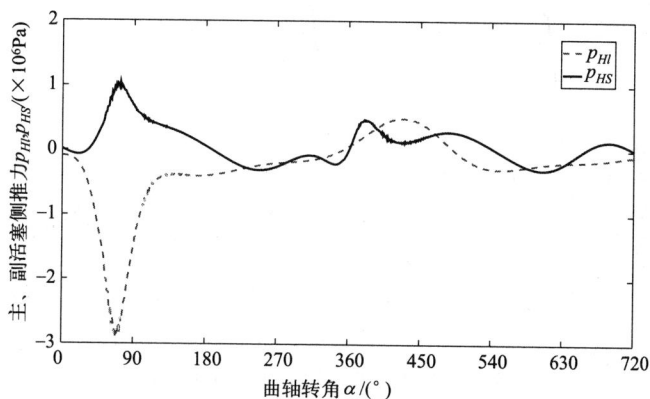

图 3-15   主、副活塞侧推力变化曲线

$$p_N = p_C \cos(\alpha + \beta) = p\,\frac{\cos(\alpha + \beta)}{\cos\beta}$$

$$p_T = p_C \sin(\alpha + \beta) = p\,\frac{\sin(\alpha + \beta)}{\cos\beta}$$

$$p_{HS} = p_H + p'_H$$

$$p_{NW} = p_N + p_{NL}$$

$$p_{TW} = p_T + p_{TL}$$

$$M = p_{TW}R$$

不同曲柄转角下，主连杆机构作用力和转矩变化曲线分别如图 3-15～图 3-18 所示。

由于以上计算出的各种作用力和转矩的数据均是以 0.1° 曲柄转角为间隔，所以还必须用求极值的方法再求出它们的最大值及其所在的曲柄转角，为此，可以令作用力和转矩的计算公式分别对 α 求取导数并使之等于零，例如 $\dfrac{\mathrm{d}p}{\mathrm{d}\alpha} = 0$，$\dfrac{\mathrm{d}p_H}{\mathrm{d}\alpha} = 0$，…，此时得到的各个 α 值便是对应于各种作用力和转矩最大值时第一曲柄的所在位置，若把这里求出的各个 α 值代回各自的计算公式，则可得到各作用力和转矩的最大值，计算结果如下：

$$p_{f\max} = 614.77 \times 10^4\,\mathrm{Pa}, \qquad \alpha = 68°$$

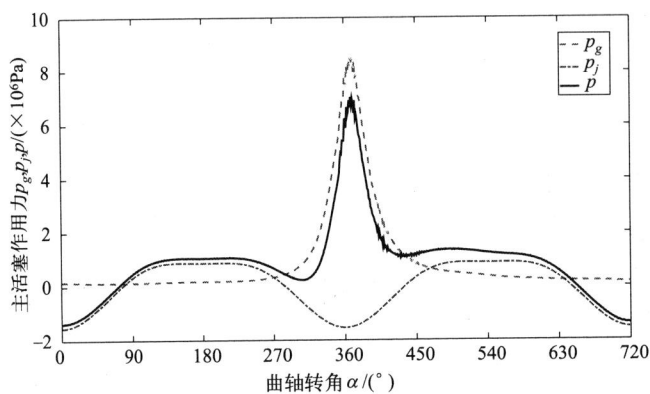

图 3-16 主活塞作用力曲线

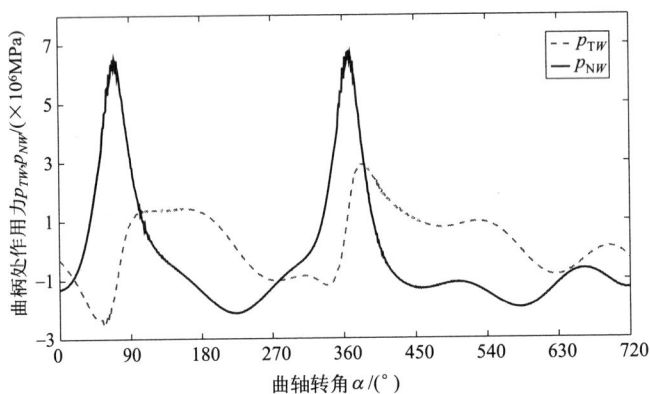

图 3-17 曲柄处作用力曲线（单位）

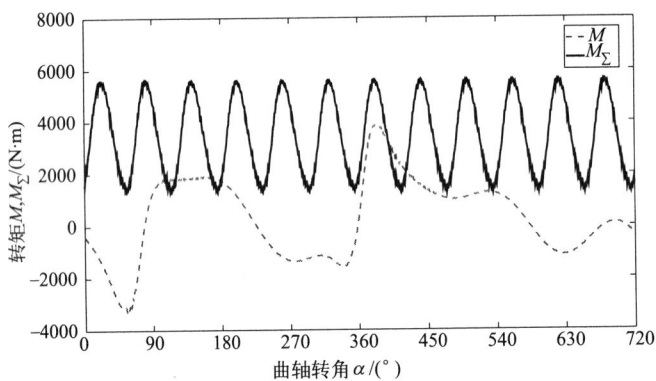

图 3-18 转矩曲线

$$p_{fH\max} = 43.18 \times 10^4 \, \text{Pa}, \qquad \alpha = 180°$$

$$p_{fO\max} = 614.77 \times 10^4 \, \text{Pa}, \qquad \alpha = 68°$$

$$p'_{fH\max} = 23.74 \times 10^4 \, \text{Pa}, \qquad \alpha = 64°$$

$$p_{f\max} = 589.13 \times 10^4 \, \text{Pa}, \qquad \alpha = 66°$$

$$p_{fN\max} = 166.33 \times 10^4 \, \text{Pa}, \qquad \alpha = 80°$$

$$p_{f\max} = 601.90 \times 10^4 \, \text{Pa}, \qquad \alpha = 368°$$

$$p_{f\max} = 37.84 \times 10^4 \text{Pa}, \qquad \alpha = 378°$$

$$p_{f\max} = 33.56 \times 10^4 \text{Pa}, \qquad \alpha = 378°$$

$$p_{f\max} = 594.52 \times 10^4 \text{Pa}, \qquad \alpha = 366°$$

$$p_{f\max} = 170 \times 10^4 \text{Pa}, \qquad \alpha = 378°$$

$$p_{f\max} = 585.03 \times 10^4 \text{Pa}, \qquad \alpha = 68°$$

$$p_{f\max} = 234.21 \times 10^4 \text{Pa}, \qquad \alpha = 380°$$

$$M_{\max} = 3727.80 \text{ N} \cdot \text{m}, \qquad \alpha = 380°$$

$$\sum M_{\max} = 4576.37 \text{ N} \cdot \text{m}, \qquad \alpha = 78°$$

3.4.5 动力学计算准确性的校核

根据图 3-18 中 $\sum M = f(\alpha)$ 曲线，求得内燃机的平均指示转矩 $M_{im} = 2464.27 \text{N} \cdot \text{m}$，所以由动力计算得出的内燃机指示功率为

$$N_i = \frac{1}{9549} M_{im} n = 516.13 (\text{kW})$$

式中，$n = 2000 \text{r/min}$。

另外，由表 3-2 查得 $N_e = 384.8 \text{kW}$，由该机的热力计算得 $\eta = 0.78$，故该机的指示功率为

$$N_i' = \frac{N_e}{\eta} = 493.3 (\text{kW})$$

动力计算和热力计算所产生的相对误差：

$$\Delta = \frac{N_i - N_i'}{N_i'} \times 100\% = 4.6\%$$

即 Δ 值小于 5%，符合工程设计要求。

3.5 本章习题

习题答案详解

① 对主副连杆机构，什么是上止点偏角和下止点偏角？

② 对主副连杆机构，分析在曲柄销中心处做回转运动的不平衡质量有哪些？

③ 副活塞和主活塞位移、速度、加速度有何异同？

④ 当曲柄与副气缸中心线重合时，副活塞是否位于上、下止点位置？副活塞行程一定大于主活塞行程吗？

⑤ 副气缸中心线的作用力是否会影响主连杆和主活塞的力和力矩？

⑥ 主连杆机构基本尺寸确定后，副连杆机构的尺寸在设计时需要遵循哪些原则？

第4章

内燃机轴颈与轴承负荷

4.1 曲柄排列和发火顺序

内燃机属于间歇性工作的动力机械，每个气缸在曲轴回转一周（二冲程）或两周（四冲程）中完成一个工作循环，每个工作循环各缸均发火一次，在气缸发火时刻各运动件和固定件所受的机械负荷和热负荷达到最大值，此时部件的工作条件是最恶劣的。对于多缸机，为了降低机械负荷和热负荷，不能让所有气缸在同一时刻经受这种恶劣的工作条件，而应设法把每个气缸的发火时刻合理地错开，这种使各缸按一定规律轮流发火的既定顺序，称为内燃机的发火顺序。

对于多缸内燃机，发火顺序是其重要的设计指标，影响整机的可靠性、平衡性、经济性等性能，是总体设计阶段必须要确定下来的关键参数。

4.1.1 气缸序号和曲柄端面图

内燃机缸内发火时刻与该缸曲柄所在的位置有直接关系，一定的发火顺序靠一定的曲柄排列方式来保证。为了标明内燃机的曲柄排列和发火顺序，应对各个气缸进行统一编号。直列式内燃机气缸编号以自由端为起点，飞轮端为终点，依次为1缸、2缸、3缸……[图4-1（a）]。对于多列式内燃机，仍以自由端为起点依次对气缸进行编号，而同列各缸用同一罗马字母作脚注，以示区别[图4-1（b）]，图中将两列气缸分别定义为Ⅰ列、Ⅱ列，并由此给出气缸序号 1_I、3_{II} 等。

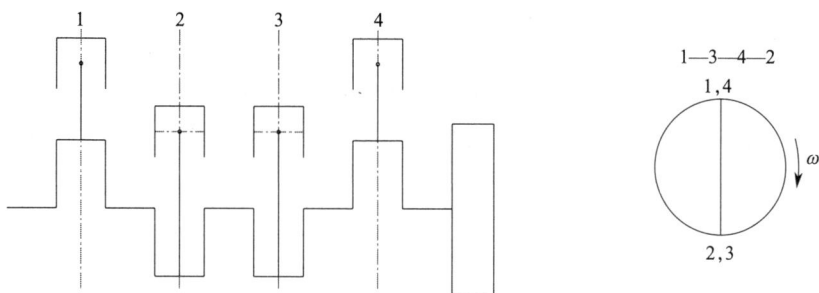

(a)直列多缸机

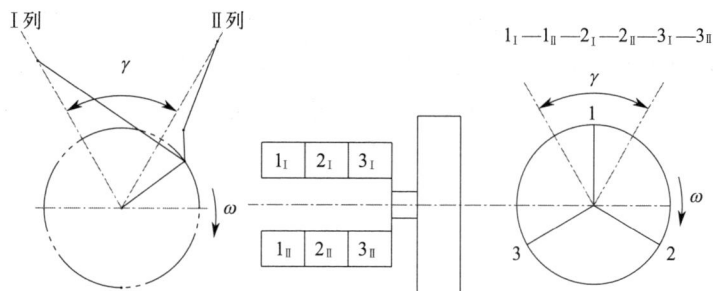

(b) V型多缸机

图 4-1 气缸序号和曲柄端面

为了简单直观，曲柄排列情况可以采用曲柄端面图（也可简称为曲柄图）表示，绘制的图形如图 4-1（a）（b）右侧的图所示。曲柄端面图规定从自由端来观察曲轴，显然，曲柄端面图可以清晰地看出内燃机的气缸数、曲柄数、曲柄夹角以及各个曲柄的相互位置。如果在曲柄端面图上标明曲轴转向和气缸序号，还可得出内燃机各缸的发火间隔角和可能的发火顺序，该图也在后续章节中用以分析内燃机的平衡特性。因此，曲柄端面图的绘制与分析对本章及后续内燃机平衡性分析是很重要的。

4.1.2 直列式内燃机曲柄排列和发火顺序

直列式内燃机曲柄排列和发火顺序的选取，一般应考虑下列几方面的因素。

（1）各缸发火间隔的均匀性

为了使各缸输出功率均匀、曲轴的转速平稳、内燃机的工作柔和，以及改善零部件的受力情况，设计者总是希望各缸发火时刻均匀地错开，只有当结构设计制约和轴系扭转振动等因素的强烈影响而不能满足这个要求时，才采用间隔不均匀的发火顺序。根据发火间隔均匀性的要求，内燃机的发火间隔角 ξ 应为

$$\begin{cases} \xi = \dfrac{360^\circ}{Z}（二冲程内燃机） \\ \\ \xi = \dfrac{2 \times 360^\circ}{Z}（四冲程内燃机） \end{cases} \quad (4-1)$$

式中，Z 为气缸数。

显然，在直列式内燃机的曲柄端面图上，曲柄的布置也应该是均匀的。设曲柄端面图上曲柄间的夹角为 θ，那么，对四冲程偶数缸的内燃机，曲柄转两转完成一个工作循环，所以，曲柄图上看到的曲柄数目 q 就是气缸数的一半，说明曲柄图上每两个曲柄重叠在一起 [图 4-2(a)]，故

$$\begin{cases} q = \dfrac{Z}{2} \\ \theta = \dfrac{2 \times 360^\circ}{Z} = \xi \end{cases} \tag{4-2}$$

由此，对于四冲程偶数缸内燃机，一种曲柄的排列方式可能对应几种不同的发火顺序，如图 4-2(a) 所示的曲柄端面图对应了四种不同的发火顺序。但不论是二冲程内燃机，还是四冲程内燃机，一种发火顺序只有一种曲柄排列方式。

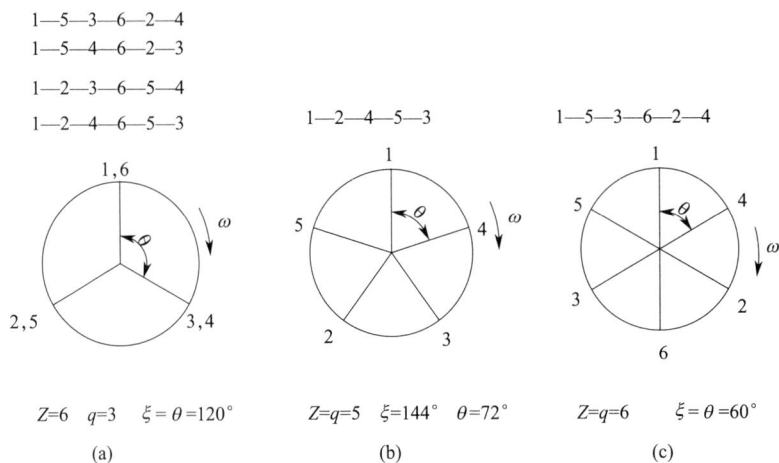

图 4-2　内燃机曲柄端面

对四冲程奇数缸内燃机，曲轴也是两转完成一个工作循环，但奇数的一半不是整数，所以曲柄图上看到的曲柄数就是气缸数[图 4-2(b)]，曲柄间夹角 θ 是发火间隔角的一半。

$$\begin{cases} q = Z \\ \theta = \dfrac{360^\circ}{Z} = \dfrac{\xi}{2} \end{cases} \tag{4-3}$$

对于二冲程内燃机，曲轴一转完成一个工作循环，所以曲柄图上看到的曲柄数也是气缸数[图 4-2(c)]，且 θ 与 ξ 相同。

$$\begin{cases} q = Z \\ \theta = \dfrac{360^\circ}{Z} = \xi \end{cases} \tag{4-4}$$

与四冲程偶数缸内燃机不同，二冲程内燃机和四冲程奇数缸内燃机，曲柄端面图上曲柄的排列方式唯一确定了发火顺序。

（2）内燃机的平衡性

平衡性由内燃机曲柄连杆机构的惯性力所决定，这些惯性力不能在内燃机内部消除，平衡性的优劣是选择曲柄排列方式和发火顺序时必须考虑的一个重要因素。曲柄排列方式决定了惯性力的矢量合成结果，直接影响内燃机平衡性能，因此，选择发火顺序和曲柄排列时，应尽量采用不平衡惯性力和力矩小，且其不平衡惯性力和力矩更容易采取平衡措施的方案。

例如，表 4-1 是六缸内燃机四种不同的曲柄排列和发火顺序。显然，用于四冲程内燃机的第一种方案最为理想，其不平衡惯性力和力矩皆为零，而且避免了相邻气缸连续发火，使主轴承负荷和曲轴受力状态得到了改善。用于二冲程内燃机的三种发火顺序方案中，第二种方案平衡性较好，但因第 3 缸和第 4 缸连续发火，故内燃机 3、4 缸之间的热负荷与机械负荷情况较差。第三种方案虽然对内燃机负荷情况有利，但因其一次往复惯性力矩平衡性较差，如需要采用这种方案，必须采取有效的平衡措施（例如正反转平衡轮系）加以解决，以便把振动控制在允许的限度之内。第四种方案平衡性不好，一次、二次往复惯性力矩较大且难以平衡，因此较少采用。

表 4-1 六缸机平衡性比较

方案	曲柄排列与发火顺序	离心一次往复惯性力系数	二次往复惯性力系数	离心一次往复惯性力矩系数	二次往复惯性力矩系数
1	四冲程 1—5—3—6—2—4	0	0	0	0
2	二冲程 1—6—2—4—3—5	0 （常用于中低速机）	0	0	3.464 （转速低时不平衡）
3	二冲程 1—5—3—6—2—4	0 （用于高速机）	0	3.464 （数值较大，但可平衡）	0
4	二冲程 1—3—5—2—4—6	0	0	2 （数值较大）	6.928 （数值较大，应平衡，但难以平衡）

（3）内燃机的负荷

从缓解内燃机负荷的方面考虑，力求相邻气缸发火间隔越长越好，设计中须考虑的负荷具体如下。

① 轴承机械负荷：若相邻气缸连续发火，则这两个气缸之间的中间主轴承所受的合力

较大，如把发火间隔时间拉开，该合力会适当减小。

②曲轴冲击负荷：其作用机理与机械负荷相同，涉及结构的内应力，加大相邻气缸的发火间隔，将使曲轴所受冲击载荷情况得到改善。

③零件热负荷：爆发时刻缸内气体处于高温状态，如相邻气缸相继发火，气缸盖和气缸套等零件将出现局部温升过高，若冷却不善将造成气缸盖或气缸套部位温差过大，导致零件产生变形，甚至因温差过大出现局部裂纹。

例如图 4-2（a）所示的四冲程六缸机，同一曲柄图有四种不同的发火顺序方案，从内燃机负荷状态考虑，以 1—5—3—6—2—4 的发火顺序为好，其余方案皆会因相邻两缸相继发火而加重内燃机负荷状况。

（4）轴系的扭转振动

轴系扭转振动应力的大小与内燃机相对振幅矢量和的数值有密切关系。对于同一内燃机，发火顺序不同，相对振幅矢量和的数值也不同。通过轴系扭转振动计算或测量，如发现轴系某阶频率下的扭转振动应力过大以致威胁轴系的安全运行，可考虑改变发火顺序以降低相对振幅矢量和的数值，以此作为削弱扭转振动应力的减振方案之一。

（5）排气管分支的排布设计

在废气涡轮增压内燃机中，为避免各缸排气互相干扰，改善缸内扫气效果，常需要对排气管做分支处理。排气管分支的数目和各排气支管连接哪些气缸，往往与发火顺序和发火间隔角有密切的关系，合理的曲柄排列和发火顺序，可以使内燃机的排气支管结构排布简便，排气脉冲能量得到充分利用，从而提高内燃机的技术指标。

除了上述 5 点外，发火顺序的选取还应考虑工艺性、装配性与可维修性，将发火顺序带来的结构设计加工因素综合考虑，以利于部件加工装配。

综上所述，与发火顺序和曲柄排列有关的因素较多，需优先考虑的因素是各缸发火间隔均匀性和内燃机的平衡性，因为它们对整台内燃机运转有较重要的影响。通常设计时先从上述两点出发，选定某一曲柄排列形式，然后得到该曲柄排列形式可能产生的全部发火顺序，按照上面分析的各项因素逐一考虑，权衡利弊，选定某种发火顺序，或另定其他曲柄排列形式。

4.1.3　V 型内燃机的发火顺序

V 型内燃机相当于两台直列式内燃机共用一根曲轴，并按一定的气缸夹角 γ 组合成一台整体的内燃机。

气缸夹角 γ 决定了两列气缸间的发火间隔相位，因此气缸夹角的选取主要考虑缸内交替爆发的均匀性、内燃机良好的平衡性、整机高度和宽度要求。此外，还要考虑内燃机总体布置的合理性，如确保增压系统、配气系统和供油系统布置合理、维护管理方便、紧凑美观等。一般来说，γ 值多取在 $40°\sim180°$ 之间，如 γ 值小于 $40°$，有可能使两列气缸在结构上发生干涉，拆装维护管理较困难。

V 型内燃机的发火方案有两种：一种是插入式发火，另一种是交替式发火。这两种方案各有其特点，依照实际情况选取即可。

插入式发火是一种将两列气缸交替插入发火的方案，这种方案在 V 型内燃机中应用较普遍。这种方案的特点是每列气缸的发火顺序和发火间隔完全相同，其曲柄排列和发火顺序选取原则与单列式内燃机完全一致，整机的发火顺序则按单列的发火顺序在两列气缸之间互相插入。

如图 4-3 所示为一台 V 型四冲程八缸机，若采用插入式发火，显然两列气缸的发火顺序相同，都为 1—2—4—3，此时第 I 列和第 II 列气缸间发火的插入方式与气缸夹角 γ 有关。根据 $\xi = \dfrac{2 \times 360°}{Z}$，算出该机单列气缸的发火间隔角为 180°，依次将两列气缸的发火顺序按 ξ 循环排出。由于目标机型为四冲程，活塞上下行两次完成一个循环，因此整机的发火顺序有两种插入可能，即两列相同气缸的发火间隔可以为 $\xi = \gamma$，也可以为 $\xi = 360° + \gamma$。图 4-3(a) 对应为 $\xi = \gamma$ 方案；如图 4-3(b) 所示，曲柄排列还可排出另一种发火顺序，即 $\xi = 360° + \gamma$。

显然，由于气缸夹角的取值限制了两列气缸之间的发火间隔角取值，因此，着眼于整机的全部气缸，采用插入式发火的内燃机的发火间隔可能是不均匀的，而其单列气缸的发火间隔是均匀的。

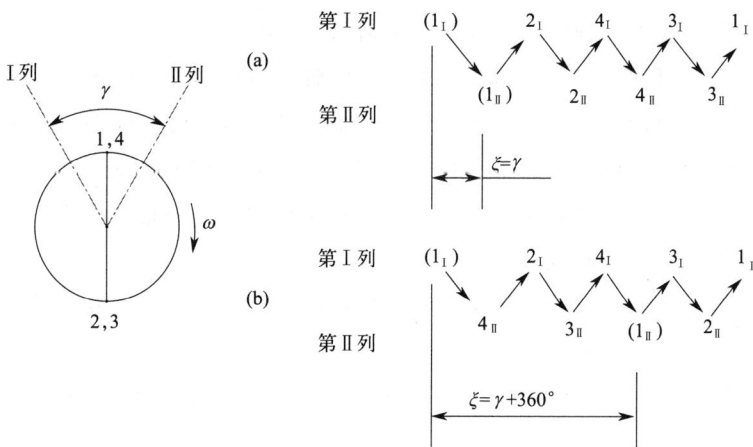

图 4-3 插入式发火方案

除了插入式发火方案之外，有的 V 型内燃机采用交替式发火方案来设计整机的发火顺序。交替式发火的特点是第 I 列和第 II 列气缸的发火顺序和发火间隔可能彼此不同，但因在列中采用交替补偿的办法，仍使整机最终达到均匀发火和均匀输出转矩的要求，如图 4-4 所示，其中第 I 列 1_I 缸和 3_I 缸相继发火，用第 II 列 2_{II} 缸和 1_{II} 缸相继发火来作补偿。为了适应两列气缸不同正时规律的要求，交替式发火内燃机两列气缸的凸轮轴也应有所不同，这为内燃机的设计、制造和使用带来了不利因素，也限制了交替式发火方案的使用，通常只在采用插入式发火方案不能满足内燃机平衡性的严格要求时，设计者才会考虑采用交替式发火方案。

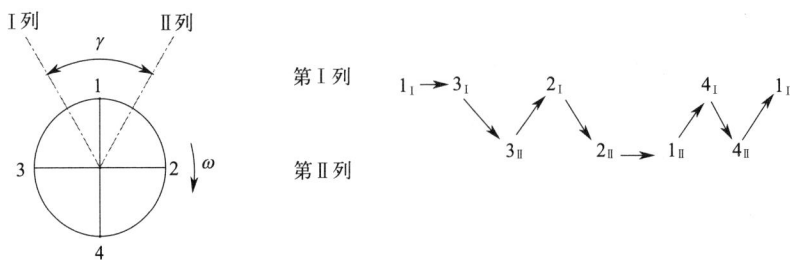

图 4-4　交替式发火方案

4.2　轴颈和轴承负荷的求解与分析

内燃机主轴承、连杆轴承及其轴颈，在工作时承受着大小、方向都在剧烈变化的作用力，这些作用力的存在严重影响着轴承的工作寿命，成为轴承设计所必须考虑的问题，如确定轴承的承压面积，计算轴承的工作温度，确定轴承润滑油孔和油槽的合理位置，计算轴心的运动轨迹等，这些计算与分析都是以轴承负荷为依据的。

轴颈与轴承的负荷问题与较多因素有关，目前难以通过单一方法统一求解，如多支撑曲轴的超静定、轴承与曲柄连杆本身的弹性变形、轴与轴承的接触非线性、轴承内部油楔的润滑、相对运动部件间的摩擦等均涉及多物理场耦合。尽管随着数值方法与科学计算的发展，很多问题已经取得了进展，此类问题的仿真结果与实际的差异一直在缩小，但仍不足以完全真实求解轴颈与轴承的负荷问题。

为了基于质点力系法对内燃机轴颈与轴承负荷问题进行求解，需要对轴颈和轴承负荷的模型与边界进行三点假设，分述如下。

① 假设各缸工作过程完全相同、各缸部件尺寸、质量相同，可知各缸受力的幅值和变化规律完全相同。

② 假定所有负荷均为集中载荷，并通过连杆中心线和轴承中心线。

③ 不考虑摩擦阻力和材料的弹性变形等的影响。

4.2.1　曲柄销负荷

前文提到，作用在曲柄销上的力有 P_T、P_N 以及连杆大端质量 m_{CB} 产生的离心惯性力 P_{rB}，法向的两个力方向相反，其合力为

$$R_B = \sqrt{P_T^2 + (P_N - P_{rB})^2} \tag{4-5}$$

曲柄销负荷 R_B 与曲柄转角有关，如式(4-5)所示，显然 R_B 的幅值随曲柄转角变化，并且 R_B 的方向也在时刻变化，这点与前面介绍的所有激励有所不同。为充分描述 R_B 的大

小与方向，可根据选用坐标系的不同，绘制不同的曲柄销负荷曲线并开展特性分析。

（1）直角坐标负荷图

将曲线的横坐标取为曲柄转角 α，纵坐标取曲柄销负荷 R_B，如图 4-5 所示，可以看到曲柄销负荷幅值随曲柄转角的变化情况，获取曲柄销负荷的平均值（曲线下方包围的面积除以横坐标的长度）和最大值及其对应的角度，并从宏观上观测到各曲柄转角下负荷的变化形态与趋势，但显然不能表示出 R_B 的方向和对应于曲柄销的受力部位。

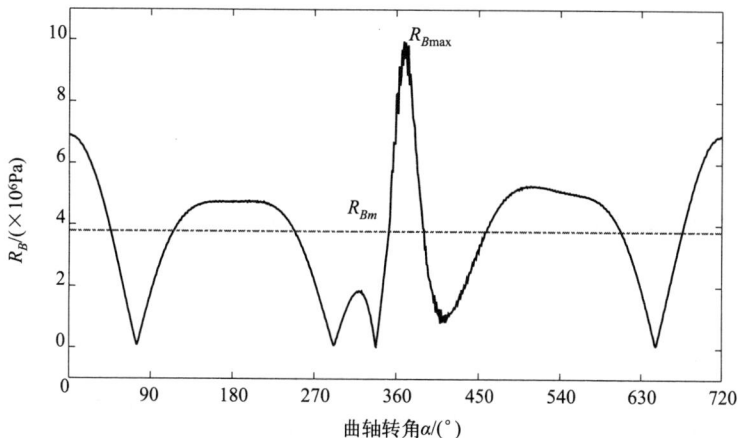

图 4-5 曲柄销负荷直角坐标图

（2）极坐标负荷图

当曲轴回转时，曲柄销本身也在做回转运动。为了表示出作用在曲柄销上的具体作用点，所用的坐标系应该选取定义在曲柄销中心的回转坐标系，如图 4-6 所示。

由图 4-6（b）可见，当曲柄转角为 α 时，连杆推力为 P_C，连杆大端离心力为 P_{rB}，曲柄销上载荷为 R_B。如选垂直、水平坐标系作为极坐标负荷图的坐标系时，R_B 与水平轴的夹角为 $\theta+\alpha$。如图 4-6（c）所示，曲柄销的受力点在 P' 处，但是由于曲柄销本身也随曲柄转了 α 角度，所以实际的作用点是 P，如图 4-6（d）所示，这意味着只有选取与曲柄销一起以曲柄转角 α 回转的坐标系，才能抵消曲柄销的随动，进而真实地表示出任意曲柄转角 α 下曲柄销受力的实际方向和作用点。

由此，选取以曲柄销中心 B 点为原点的 P_T-P_N 坐标系，定义 P_T 水平向右为正方向，P_N 垂直向下为正方向。对每一个 α 角下的 P_T 和 P_N 数值，在 P_T-P_N 坐标系中都可以找到相应的坐标点，将其连成曲线，并在各坐标点标注相应的 α 角度值，即可得到未考虑 P_{rB} 影响的曲柄销负荷极坐标图。

由于 P_{rB} 是定值且在所选坐标系下方向不变，因此先根据 P_T、P_N 数值作图，再移动水平轴将 P_{rB} 考虑进去，即可得到最终的曲柄销负荷极坐标图，如图 4-7 所示。连接圆心到曲线的线段，其长度即为曲柄销负荷的幅值，其方向为由圆心指向曲线，并参考图 4-6（d），就可以获取曲柄销负荷的方向与实际作用位置。因此，采用 P_T-P_N 坐标系的曲柄销负荷极坐标图可以反映出任意曲柄转角下的曲柄销受力情况。

(a) 正置式曲柄连杆机构简图

(b) 曲柄销处各力方向

(c) 直角坐标系下曲柄销负荷角度

(d) 实际曲柄销负荷方向及其作用位置

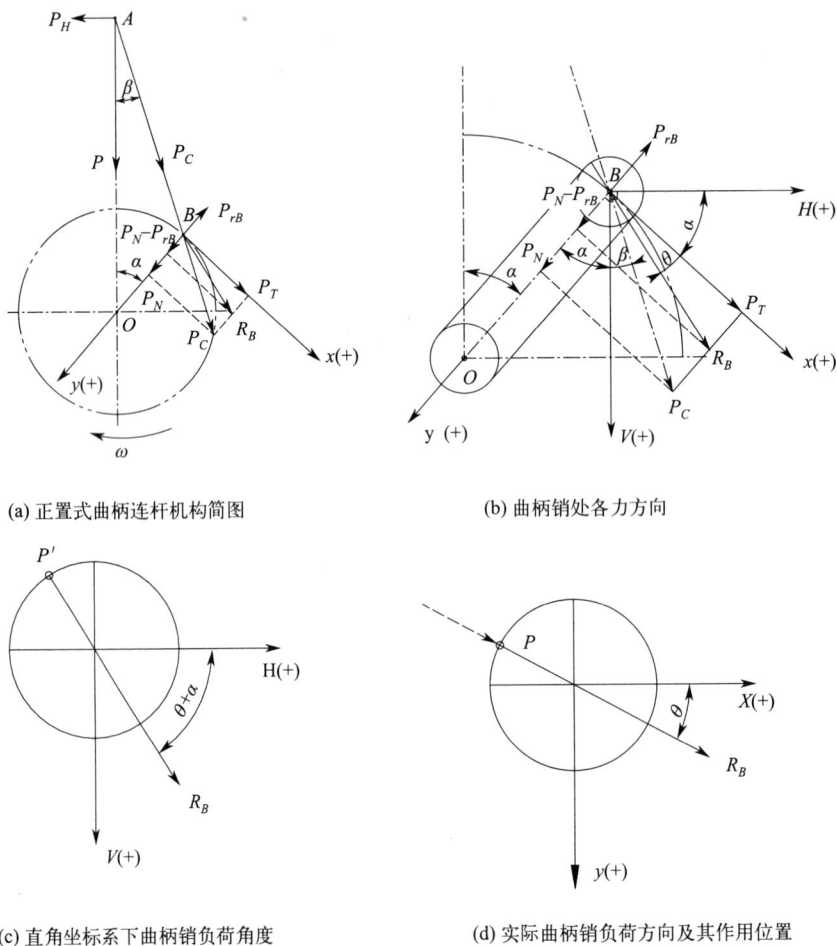

图 4-6 曲柄销负荷极坐标系的确定

对于 V 型内燃机，首先分别求得主副气缸的 P_{T1}、P_{T2} 和 P_{N1}、P_{N2}，并对主、副气缸分别合成 P_{TW} 和 P_{NW}，再根据这两个力作曲柄销极坐标负荷图。图 4-8 为 V 型机的曲柄销负荷极坐标图。

V 型机曲柄销负荷图与直列机相比最大的特点是有两个负荷峰，分别由主、副气缸爆发压力所致。

4.2.2 连杆轴承负荷

连杆轴承的作用力与曲柄销的作用力互为作用力与反作用力，为了表示出该负荷在轴承上的作用点及作用方向，也需要考虑建立适合的旋转坐标系，即将连杆轴承极坐标负荷图中的坐标系设在连杆上。

在内燃机运转时，由于连杆轴承随连杆一起不断地来回摆动，所以可以假设连杆始终处于垂直位置，考虑以连杆大端中心为原点，连杆中心线作纵坐标，向上为正；垂直连杆的线作横坐标，向左为正。可以发现，此坐标的原始方向刚好与曲柄销负荷图所规定的方向相反，由此可以说明正负号的一致性。

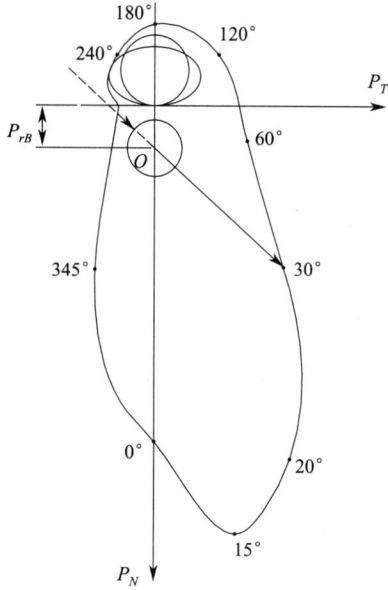

图 4-7　曲柄销负荷极坐标图

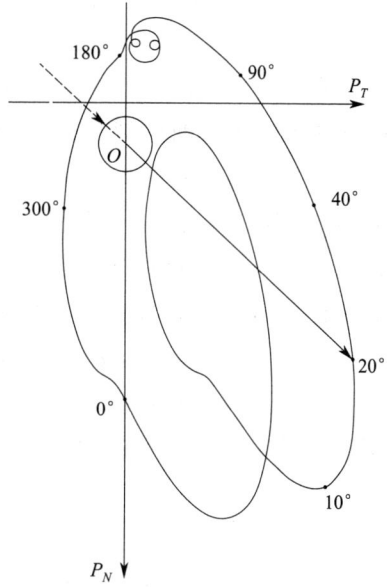

图 4-8　V 型机曲柄销负荷极坐标图

在实际计算中，按照上述连杆轴承负荷极坐标图的定义，选取 u-v 坐标系，圆心为 B 点，坐标系与连杆摆动相一致，坐标轴 u 的正向永远沿连杆中心线向上，另一坐标轴 v 取垂直向左，如图 4-9 所示。

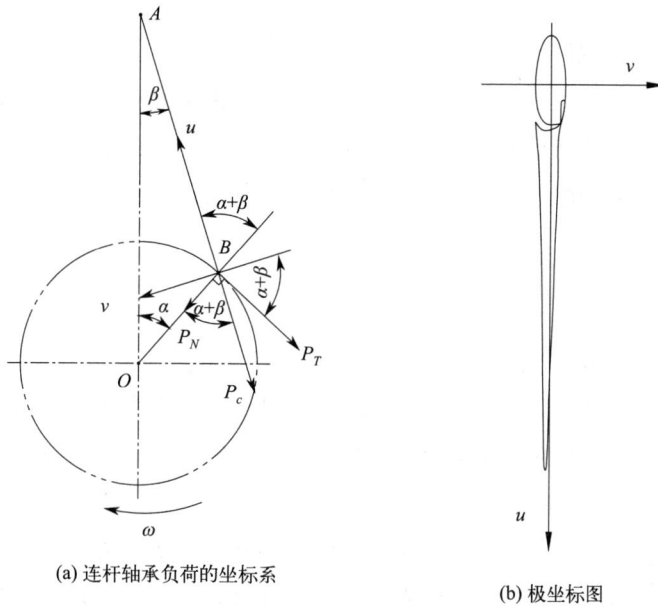

(a) 连杆轴承负荷的坐标系

(b) 极坐标图

图 4-9　连杆轴承负荷的坐标系及极坐标图

由图中几何关系可知，曲柄销处切向力 P_T、法向力 P_N、P_{rB} 向该坐标系转换时，得到连杆轴承负荷的两个分量如下：

$$R_{Bv} = -p_T\cos(\alpha+\beta) + (p_N - p_{rB})\sin(\alpha+\beta)$$
$$R_{Bu} = -p_T\sin(\alpha+\beta) - (p_N - p_{rB})\cos(\alpha+\beta) \tag{4-6}$$

基于作用力与反作用力的关系，连杆轴承负荷也可应用 R_B 的矢量转向法由曲柄销负荷极坐标图直接求出，其关键在于获取两个坐标系的相位差，如图 4-10 所示。在曲柄转角 α 为 0° 的初始位置，可以看到 P_T-P_N 坐标系和 u-v 坐标系确实是反向的，刚好对应于作用力与反作用力。当曲轴旋转至任意角 α 时，将曲柄销负荷的 P_T-P_N 坐标绕 B 点逆时针转过 α 角可使其与 $\alpha=0$ 的初始坐标重合，同理将连杆轴承负荷的 u-v 坐标绕 B 点顺时针转过 β 角，与初始坐标重合，说明对于任意的曲柄转角 α，两坐标间的相位差为 $\alpha+\beta$。

显然连杆轴承作用力与曲柄销作用力方向相反，两者相位差为 180°。因此，在曲柄销负荷极坐标图中，若曲柄转角为 α 的矢量力 R_B 为此时曲柄销的负荷，那么把这个 R_B 沿曲轴转向转到曲柄转角为（$180°+\alpha+\beta$）处，连点作成曲线，便可得到连杆轴承负荷的极坐标图。

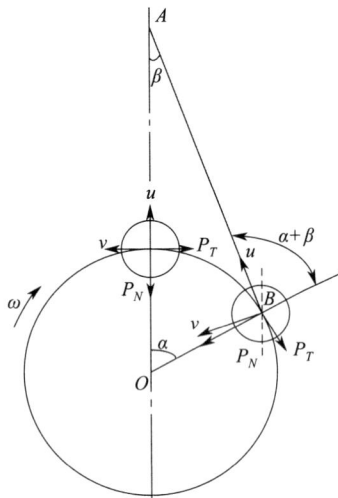

图 4-10　连杆轴承负荷与
曲柄销负荷的转换

4.2.3　主轴颈负荷

（1）单缸机的主轴颈负荷

单缸机只有两个主轴承，其计算过程与第 2 章正置式曲柄连杆机构动力学计算过程基本相同。如图 4-11 所示，若考虑到全部载荷均作用在气缸中心线的平面内，且两个主轴颈对称地布置在气缸中心线两侧，显然每个主轴颈载荷为所受合力的一半，可计算得到主轴颈负荷，有

$$\frac{1}{2}R_o = \frac{1}{2}\sqrt{P_T^2 + (P_N - P_r)^2} \tag{4-7}$$

将式(4-7)与曲柄销负荷的计算公式，即式(4-5)相比，显然两者形式相同，差别仅在于离心惯性力的数值不同，又由于对确定的机型，离心惯性力大小恒定，因此两者的负荷形状相同，将曲柄销负荷图的坐标缩小一倍，相应的原点向下平移 $P_r/2$，即为轴颈负荷图。

（2）多缸机的主轴颈负荷

由材料力学基本理论可知，多缸机属于多支撑的类弹性梁模型，其主轴承负荷求解属于超静定问题，影响主轴承约束反力的因素很多，计算过程十分复杂，为了简化计算，一般都在此基础上再做若干项假定，得到各种不同的简化计算方法。如假定各支撑轴承都是相同高度的刚性支撑，每一主轴颈上的负荷都是仅受前后相邻缸作用力的影响，各缸热力过程一致、曲柄尺寸一致等。基于这种简化的计算法称为分段计算法。分段计算法忽略了曲轴的连

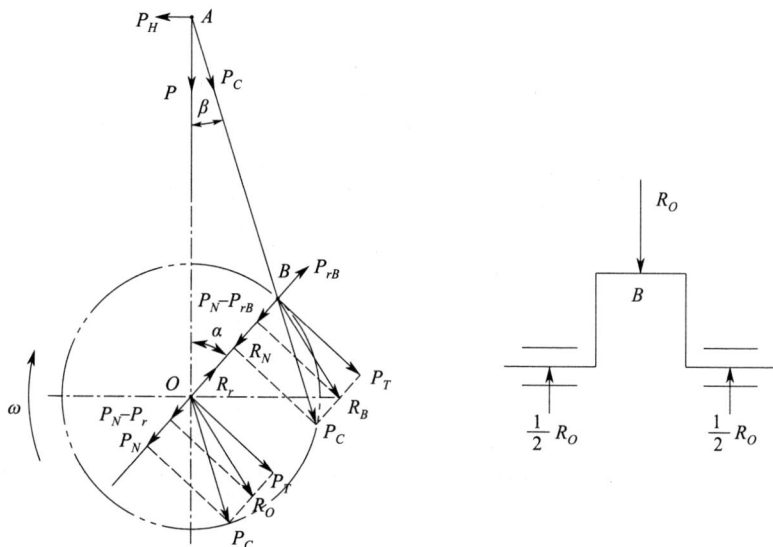

(a) 主轴颈负荷图

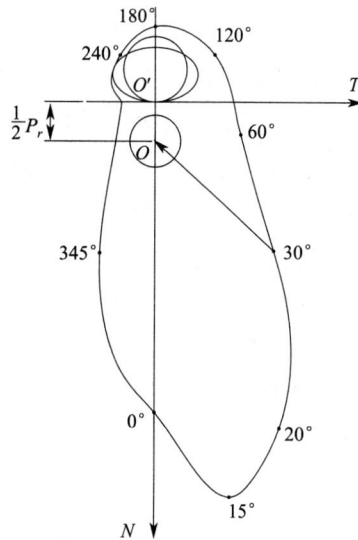

(b)主轴颈极坐标图

图 4-11　单缸机主轴颈负荷图及极坐标图

续性、弹性结构的变形，简单易求，且具有一定的精度，下面选取以此方法开展动力学推导。

　　显然在上述假定下，多缸机第一主轴颈负荷与单缸机的求解过程完全一样，最后一个主轴颈负荷的变化规律也与单缸机的相同，仅存在一个相位差。

　　中间各个主轴颈负荷在视作单缸机的前提下，依照相邻曲柄之间的角度关系，根据相邻气缸作用在该主轴颈上的负荷进行矢量合成而得到，如图 4-12 所示，通常在合成时以左侧曲柄为基准。

　　同前文一样，考虑到符号的一致性，选取坐标系的方向与曲柄销负荷图的坐标方向相同，则有

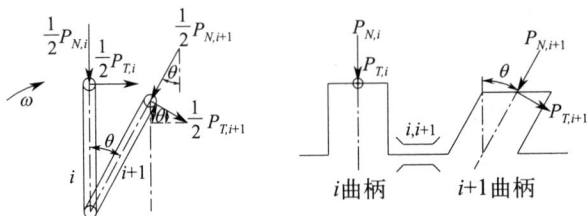

图 4-12 中间主轴颈负荷合成图

$$P_{T(i,i+1)} = \frac{P_{T,i}}{2} + \frac{P_{T,i+1}}{2}\cos\theta - \frac{P_{N,i+1}}{2}\sin\theta$$

$$P_{N(i,i+1)} = \frac{P_{N,i}}{2} + \frac{P_{T,i+1}}{2}\sin\theta + \frac{P_{N,i+1}}{2}\cos\theta \tag{4-8}$$

式中，θ 为第 i、$i+1$ 曲柄间夹角。离心力为定值，其带来的影响仍可通过坐标原点的平移考虑进来。

作图时先根据式(4-8)遍历一个工作循环，求与 α 对应的 $P_{T(i,i+1)}$ 和 $P_{N(i,i+1)}$，并描点作图，最后求相邻气缸连杆机构的离心惯性力 $P_{r,i}/2$ 和 $P_{r,i+1}/2$ 的合矢量，取其端点 O' 为新点。

又由式(4-8)可知，用于计算合成切向力与法向力的变量主要为 θ，因此若相邻两气缸的曲柄夹角 θ 一致，其值应相同，因此在计算主轴颈负荷时，没有必要对所有的主轴颈都进行一遍以上的计算与绘图。通过分析并不难看出，在分段近似法假设的条件下，将会出现若干个主轴颈都具有完全相同的负荷形态与数值的情况，只是在图形与数值之间存在一个相位差，因而没有必要对相似负荷情况的主轴颈再重复计算工作，从而使计算变得简便。从上述作图过程可知，只要相邻的曲柄间夹角相同，则主轴颈上的负荷极坐标图形状相同，因此对于多缸机，只须分析归类为一个或几个主轴颈负荷图。

以图 4-13 所示内燃机曲轴为例，加以说明。

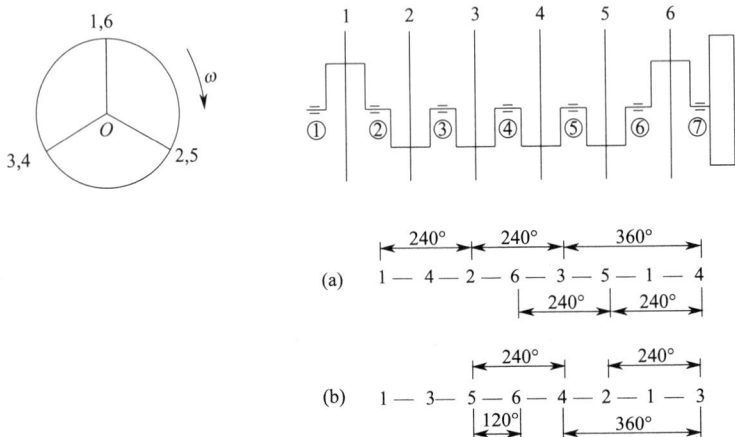

图 4-13 中间主轴颈负荷的计算

对发火顺序为 1—4—2—6—3—5—1 的内燃机，第一主轴颈与单缸机一致，最后一挡主轴颈与第一主轴颈大小相同，只需要考虑其相位差即可；同时不难得出，由于第 2（1、2 缸之间的轴径）、第 3（2、3 缸之间的轴径）、第 5（4、5 缸之间的轴径）及第 6（5、6 缸之间的轴径）主轴颈的相邻两气缸间的曲柄夹角都为 240°，因此这四个主轴颈负荷的形态将是相同的，只须对任意一个进行计算就可以。剩下的只有第 4 主轴颈。第 3 曲柄和第 4 曲柄布置方向相同，其发火间隔为 360°，需补充计算此轴颈负荷。

这样，对于上述发火顺序的四冲程内燃机，计算其主轴颈负荷时，只须算出第 2 主轴颈和第 4 主轴颈，通过相位差换算出第 7 主轴颈就可以。

综上所述，内燃机的发火顺序决定了曲柄排列方式，进而决定了第 i、$i+1$ 曲柄间夹角 θ，进而决定了合成的轴颈切向力与法向力。因此，对于不同发火顺序的内燃机，所需计算的主轴颈数目很大概率不同。内燃机发火顺序为 1—3—5—6—4—2—1，其第 2（1、2 缸之间的轴径）与第 6（5、6 缸之间的轴径）轴颈的曲柄夹角为 120°，第 5（4、5 缸之间的轴径）与第 3（2、3 缸之间的轴径）轴颈的曲柄夹角为 240°，第 4（3、4 缸之间的轴径）轴颈的曲柄夹角为 360°，因而这种内燃机的主轴颈负荷应该计算第 2、第 3、第 4 主轴颈。

4.2.4　主轴承负荷

主轴承负荷和主轴颈负荷、连杆轴承负荷和曲柄销负荷，这两组力的关系相似，互为作用力与反作用力。由每对力的后者求前者的分析方法相似，即获得坐标系之间的相位关系，这里就不多讲述。

主轴颈采用 P_T-P_N 运动坐标系，而主轴承为固定件，选取以主轴承中心为原点，以气缸中心线为纵坐标轴的坐标系，这里采用 H-V 固定坐标系（图 4-14），两坐标系夹角为 α。由几何关系，主轴承负荷计算公式见式(4-9)。

$$R_{OH} = -P_T\cos\alpha + (P_N - P_r)\sin\alpha$$
$$R_{OV} = P_T\sin\alpha + (P_N - P_r)\cos\alpha \qquad (4\text{-}9)$$
$$R_O = \sqrt{R_{OH}^2 + R_{OV}^2}$$

坐标原点指向曲线的矢量为主轴承负荷的方向。

4.2.5　平衡重对主轴承负荷的影响

由主轴颈和主轴承负荷的分析及极坐标图绘制过程可以看出，影响其轴承负荷的因素主要有曲柄连杆机构的切向力 P_T 和法向力 P_N、相邻两气缸的曲柄夹角 θ、各曲柄回转产生的离心惯性力 P_{ri}。

切向力 P_T 和法向力 P_N 由缸内工作过程、往复惯性力以及内燃机部分尺寸和质量决定。对一台确定工况的内燃机，一般难以做出较大的变动，但惯性力 P_r 则可根据需要，在曲轴上设置平衡重来调整极坐标系实际圆心的位置，实现降低轴承负荷幅值的效果。

标志轴颈和轴承工作条件恶劣的重要指标，通常是最大负荷 $R_{\max}$ 和平均负荷 R_m。结合轴心轨迹，这两个参数的值越小，轴颈和轴承所受的冲击载荷便越小，磨损情况也较良好。这表明轴颈和轴承的工作条件较好。由前面分析可知，$R_{\max}$ 和 R_m 的大小与主轴颈和主轴承负荷极坐标图中坐标原点的位置有关，坐标原点位置则可用 P_r 来做调整，这意味着可以根据需要通过在曲轴上设置大小、方向合适的平衡重来产生一定的离心惯性力，使坐标原点朝某个预定方向移动一定的距离，以便降低 R_{max} 和 R_m 的数值。

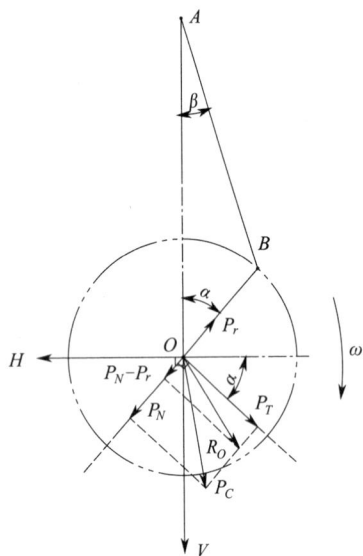

图 4-14　主轴承和主轴颈负荷坐标系转换

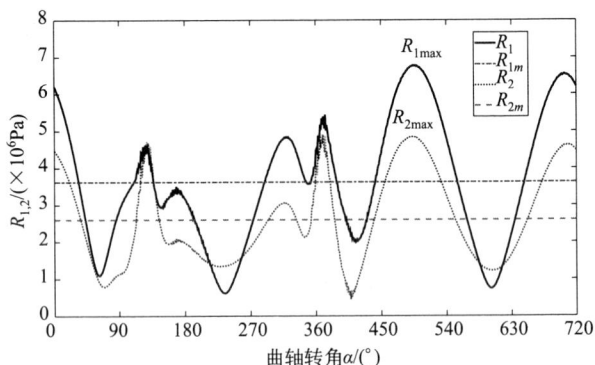

图 4-15　四冲程六缸机第 1-2 主轴颈负荷

　　例如，图 4-15 是发火顺序为 1—4—2—6—3—5 的四冲程六缸机第 1-2 主轴颈负荷图，其中曲轴没有平衡重时的负荷展开曲线为 R_1，曲轴设置平衡重时的负荷展开曲线为 R_2。比较这两种情况，曲轴设置平衡重后主轴颈和主轴承的 R_{max} 和 R_m 值大大减小，这就大大降低了主轴颈和主轴承工作表面所受的单位面积压力，作用力沿轴颈和轴承圆周的分布也更加均匀。从图 4-15 可以明显看出，曲轴设置平衡重后，主轴颈和主轴承的受力和磨损情况比没有平衡重时要好。

　　必须指出，平衡重的大小和设置位置还与内燃机的平衡性能和轴心轨迹有密切关系，设计时应综合考虑。内燃机的平衡特性在第 5 章中将详细讨论。而平衡重的大小，应保证轴承在工作时轴心运动轨迹中润滑油膜最小厚度有一定数值，否则轴颈和轴承之间不仅会产生较大的偏心率，还会由局部润滑不良导致磨损不均匀，使轴承工作寿命大大缩短。

4.3　内燃机回转不均匀性及飞轮转动惯量计算

4.3.1　内燃机的转矩不均匀性和回转不均匀度

　　前文介绍了内燃机曲柄连杆机构作用力的求解方法，给出了各个力在内燃机一个工作工程中的变化情况。由此可知，内燃机的输出转矩（即曲柄销切向力与曲柄半径的乘积）的变化情况与切向力的变化情况是相同的，它们都不是恒定的值，都随曲轴转角做周期性变化。

但在稳定工况下，外部负载如消耗功率的机器设备或螺旋桨的阻力矩是均匀稳定的，这使得大部分时间里，输出转矩与阻力矩并不相等，存在一个差值，这导致了轴系转动角速度的变化，产生了回转不均匀性的情况，这个问题可以用两个参考量评价。

（1）内燃机输出转矩不均匀系数

为评价内燃机合成转矩波动的程度，通常选用转矩不均匀系数 μ，具体算式如下：

$$\mu = \frac{M_{max} - M_{min}}{M_{m}} \tag{4-10}$$

式中，M_{max} 和 M_{min} 分别为转矩的最大值和最小值；M_{m} 为转矩平均值。

对于同一台内燃机，转矩不均匀系数随内燃机工况的变化而变化，且以内燃机在额定工况时 μ 值最小。对不同内燃机来说，μ 值的大小与冲程数和气缸数有关，内燃机缸数越多，μ 值越小，输出转矩的均匀性越好。显然 μ 值越小，内燃机输出转矩就越平稳，所以，利用转矩不均匀系数，就能评价不同内燃机转矩的均匀程度。

图4-16为气缸直径、冲程和工况相同，但缸数不同的内燃机合成转矩曲线。显然，转矩不均匀系数随缸数的增加而急剧减少。从动力学角度来看，增加缸数，使各缸发火间隔均匀，是改善内燃机输出转矩均匀性的重要途径。

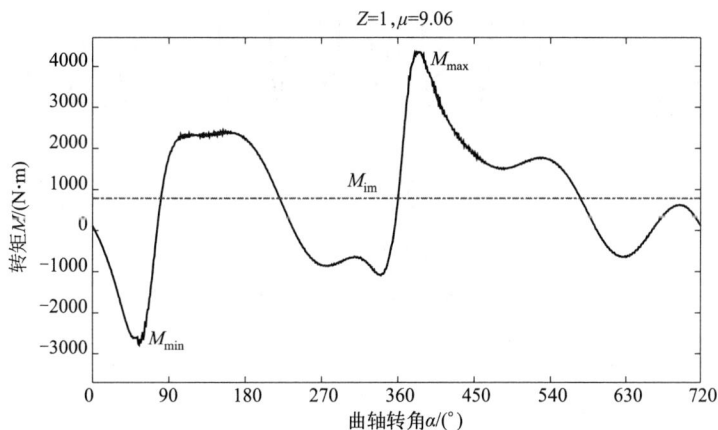

(a) 单缸机的输出转矩

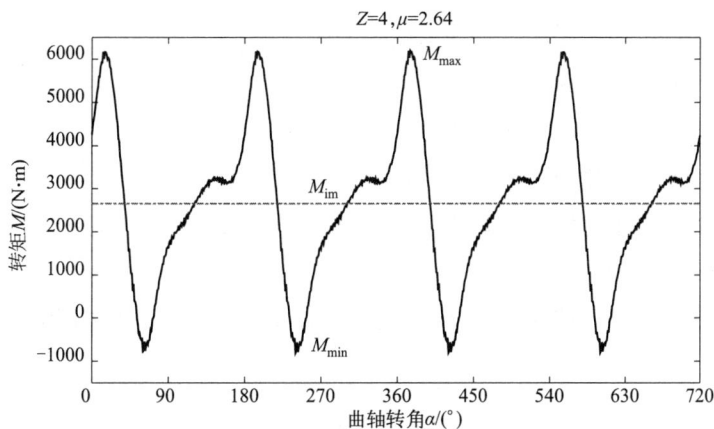

(b) 四缸机的输出转矩

图 4-16

（c）六缸机的输出转矩

(d)十二缸机的输出转矩

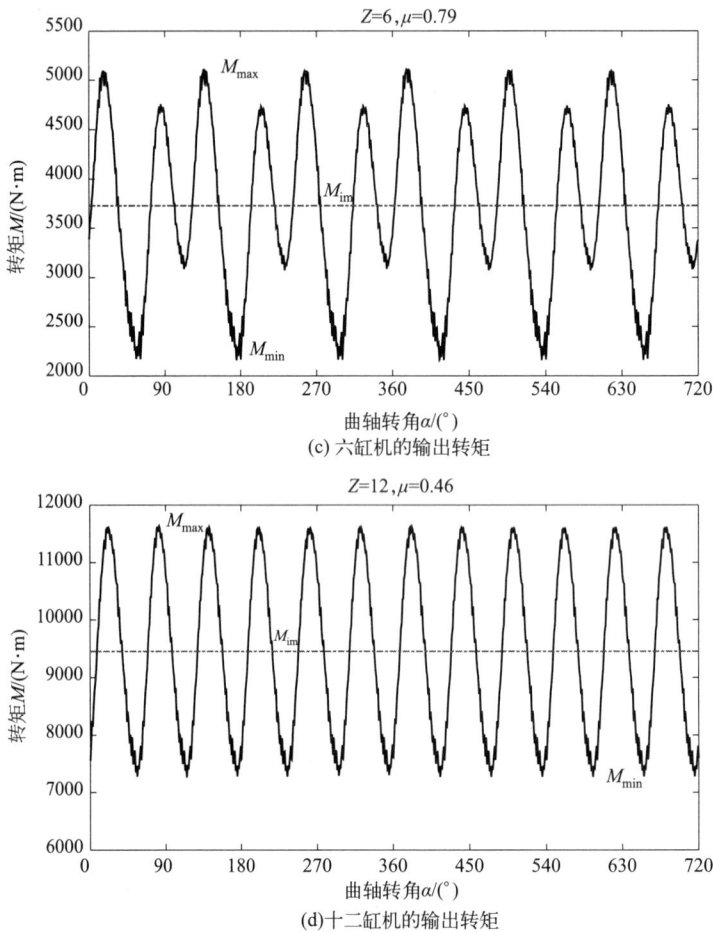

图 4-16 同系列不同缸数的四冲程机转矩曲线

通常，转矩不均匀系数变化范围如下：单缸机，$\mu=8\sim14$；四缸机，$\mu=2\sim3$；六缸机，$\mu=0.5\sim0.8$；十二缸机，$\mu=0.2\sim0.5$。

（2）内燃机轴系回转不均匀度

内燃机曲柄连杆机构回转质量的切向惯性力矩、内燃机零件间的摩擦和带动附属系统所消耗的阻力矩，以及外部负载（如发电机、螺旋桨或其他耗功机器）的阻力矩等构成了内燃机的总阻力矩。由于 M_Σ 是内燃机合成输出转矩，所以理论上，在任一瞬时 M_Σ 都必须和总阻力矩相平衡，内燃机才能运行平稳。

在稳定工况时，总阻力矩的平均值应等于合成转矩 M_Σ 的平均值 M_m。但由于总阻力矩与 M_Σ 的性质和变化周期不同，所以必然出现 M_Σ 大于或小于总阻力矩的情况，此时内燃机的转速就出现上升或下降，曲轴这种加速和减速的变化情况，可用曲轴回转不均匀度 δ 来表示：

$$\delta=\frac{\omega_{max}-\omega_{min}}{\omega_m} \tag{4-11}$$

式中，ω_{max} 和 ω_{min} 分别为曲轴瞬时角速度的最大值和最小值；ω_m 为曲轴平均角速度，

取近似值为

$$\omega_m = \frac{\omega_{max} + \omega_{min}}{2}$$

曲轴回转不均匀度代表内燃机转速的稳定程度，与转矩不均匀系数不同的是，回转不均匀度还与内燃机装置的转动惯量大小有关。不同用途的内燃机对 δ 的要求也不同，表 4-2 列出了几种不同用途内燃机的 δ 值范围。

表 4-2　不同用途的内燃机 δ 值范围

内燃机用途	δ
船用主机直接驱动螺旋桨	1/20～1/40
船用主机电力传动螺旋桨	1/50～1/100
电力传动的内燃机车内燃机	1/20～1/100
驱动泵、压缩机和碎石机	1/25～1/50
直接带动直流发电机	1/150～1/200
直接带动交流发电机	1/150～1/300
汽车和拖拉机内燃机	1/40～1/80
高级轿车内燃机	1/200～1/300

4.3.2　飞轮转动惯量计算

飞轮的主要作用是保证内燃机运行平稳。如上指出，由于合成转矩的周期性波动，曲轴的回转角速度也呈现不均匀性，这将使内燃机本身部件和外部负载都受到额外的冲击负荷。为了改善这种状况，通常会在曲轴端部安装飞轮，当合成转矩大于总阻力矩的瞬间，飞轮把剩余转矩（盈功）储存起来，使内燃机转速不会过大地升高；反之，当合成转矩小于总阻力的瞬间，欠缺的亏损转矩（亏功）就由飞轮储存的盈功释放出来补充，使内燃机转速不会过大地下降。

设外部负载的阻力矩一定，曲柄连杆机构为刚体，阻力矩与内燃机平均输出转矩相等，则有

$$M_k - M_{km} = I_o \frac{d\omega}{dt} \tag{4-12}$$

式中，M_k 为内燃机瞬时转矩，N·cm；M_{km} 为阻力矩，N·cm；I_o 为内燃机总的当量转动惯量，N·cm·s^2；ω 为曲轴回转角速度，s^{-1}。显然，当 M_k 增加时，ω 增加；当 M_k 降低时，ω 随之降低；而当 I_o 增加时，有 $\frac{d\omega}{dt}$ 降低。

由式(4-12)可知，当 $\omega' = 0$ 时出现极值，所以当 $M_k = M_{km}$ 时，角速度出现极值，如图 4-17 所示。

将式(4-12)右项化简，时间 t 代换为 α 的导数，有

$$(M_k - M_{km})d\alpha = I_o \times \frac{1}{2} \times d\omega^2 \tag{4-13}$$

对式(4-13)在图 4-17 所示 ω 的最大值、最小值对应的曲柄转角范围 $\alpha_1 \sim \alpha_2$ 内积

分，有

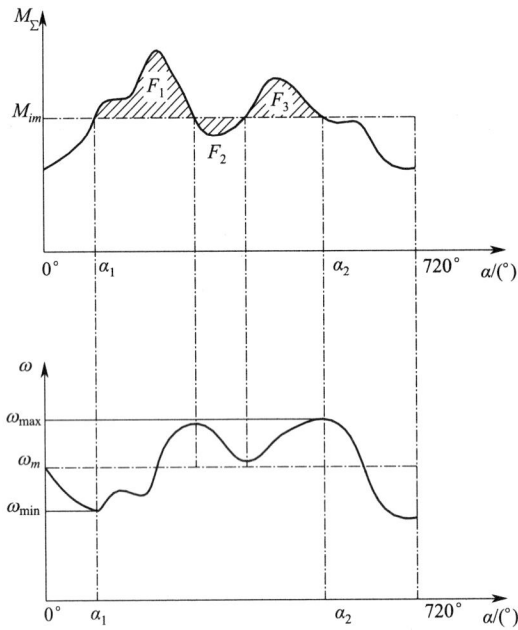

图 4-17 合成转矩和曲轴角速度的变化

$$\int_{\alpha_1}^{\alpha_2} (M_k - M_{km}) \mathrm{d}\alpha = \Delta E$$

$$= \int_{\omega_{\min}}^{\omega_{\max}} I_o \frac{\mathrm{d}\omega^2}{2}$$

$$= I_o (\omega_{\max}^2 - \omega_{\min}^2)/2$$

$$= I_o \frac{(\omega_{\max} + \omega_{\min})(\omega_{\max} - \omega_{\min})}{2}$$

$$= I_o \frac{\omega_{\max} - \omega_{\min}}{\omega_m} \omega_m \frac{\omega_{\max} + \omega_{\min}}{2}$$

$$= I_o \omega_m^2 \delta$$

式中，ΔE 称作剩余功。所以，曲轴转速的变化将取决于合成转矩 M_k 的瞬时值与阻力矩 M_{km} 之间的差值，即取决于 ΔE 的大小。

$$\Delta E = F \mu_M \mu_\alpha \frac{\pi D^2}{4} \tag{4-14}$$

式中，F 为面积，对应图 4-17 中的 $F_1 + F_3 - F_2$，是内燃机输出转矩曲线与负载转矩曲线包围的面积，可通过积分等数值方法获得；D 为气缸直径；μ_M，μ_α 分别为横轴、纵轴的比例。

因为图 4-17 是单位活塞面积所对应的转矩曲线，故上式乘以活塞面积，转化为国际单位制的功。

由机械原理可知，为使内燃机回转不均匀度 δ 达到某一技术要求，内燃机总的转动惯量

I_o 应具有的数值为

$$I_o = \frac{\Delta E}{\omega_m^2 \delta} \qquad (4\text{-}15)$$

式中，ΔE 为合成转矩曲线在一个周期内从 $\omega_{\min}$ 至 $\omega_{\max}$ 的最大盈功；ω_m 为曲轴平均角速度，rad/s；δ 为曲轴回转不均匀度。

若忽略内燃机中转动惯量较小的机件的影响，内燃机总的当量转动惯量主要包括三部分，分别为飞轮的转动惯量 I_1、曲柄连杆机构中参与回转运动部件的转动惯量 I_2、曲柄连杆机构中参与往复运动部件的当量转动惯量 I_3。

显然，内燃机总的转动惯量 I_0 为

$$I_0 = I_1 + I_2 + I_3$$

所以，飞轮所需的转动惯量为

$$I_1 = I_0 - (I_2 + I_3)$$

对参与回转运动部件的转动惯量 I_2，有

$$I_2 = Z m_r R^2 \qquad (4\text{-}16)$$

式中，Z 为气缸数；m_r 为单缸曲柄连杆机构的回转质量；R 为曲柄半径。

参与往复运动部件的当量转动惯量 I_3，可基于等效前后动能相等原则，利用活塞速度近似式在一个工作循环内积分获得，表示为

$$I_3 = \frac{Z}{2} m_j R^2 \qquad (4\text{-}17)$$

于是有飞轮转动惯量如下：

$$I_1 = I_o - (I_2 + I_3) = \frac{1}{g} G_F R_F^2 \qquad (4\text{-}18)$$

式中，g 为重力加速度；G_F 为飞轮质量；R_F 为飞轮惯性半径。

把式(4-16)、式(4-17) 代入式(4-18) 中，即可得到飞轮的特征参数 $G_F R_F^2$。

如图 4-18 所示，飞轮的质量主要集中在轮缘，估算时常常只取轮缘部分的质量作为飞轮的质量 G_F，取轮缘部分的平均半径值作为飞轮的惯性半径 R_F。飞轮的转动惯量习惯采用 $G_F R_F^2$ 表示，在内燃机规范上称飞轮矩。

在多缸机中，按上述方法计算出的 I_1 值很小，甚至出现 $(I_2 + I_3) > I_0$ 的情况，这表明内燃机本身的转动惯量已能满足回转不均匀度的需要了，但因为以上计算只考虑了平均角速度 ω_m 的因素，为保证内燃机起动和最低稳定转速能正常运行，在内燃机上一般仍设置飞轮。同时，飞轮可以用于转矩输出与负载间的连接、盘车机构以及曲轴转角标志等，因此仍被内燃机广泛采用。

图 4-18 飞轮结构示意图

对轴系扭转振动，当扭振幅值过高危及轴系安全运行时，也可采用增大或减小飞轮转动惯量的办法，来调整轴系的扭转振动特性，作为减振避振措施之一，最终达到降低扭转振动应力的目的。

4.4 轴颈与轴承负荷计算示例

本节以正置式曲柄连杆机构为例，计算其轴颈与轴承负荷。内燃机参数见第 2.5 节表 2-1，四冲程五缸机的发火顺序为 1—2—4—5—3，其曲柄如图 4-19 所示。

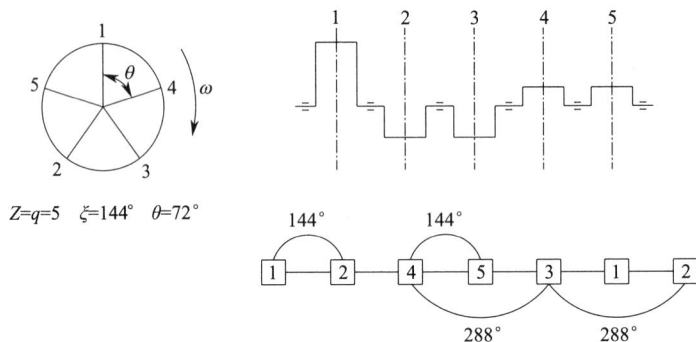

图 4-19 内燃机曲柄

4.4.1 曲柄销和连杆轴承负荷计算

作用在曲柄销上的合力为

$$R_B = \sqrt{P_T^2 + (P_N - P_{rB})^2}$$

曲柄销负荷极坐标图如图 4-20 所示。连杆轴承的作用力为曲柄销上作用力的反作用力，其极坐标图如图 4-21 所示。

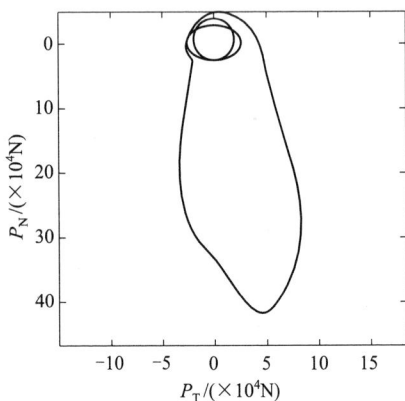

图 4-20 曲柄销负荷极坐标图

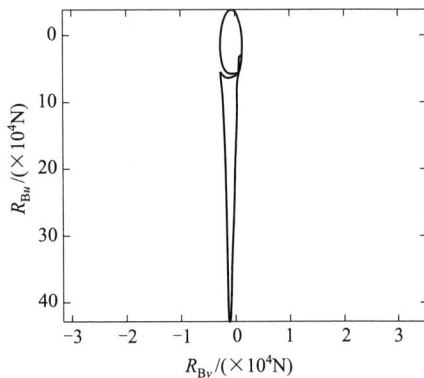

图 4-21 连杆轴承负荷的极坐标图

4.4.2 主轴颈与主轴承负荷计算

对于多缸机而言，第一个和最后一个主轴颈的受力情况和单缸机完全相同，等于主轴颈的基本负荷，即

$$\frac{1}{2}R_o = \frac{1}{2}\sqrt{P_T^2 + (P_N - P_r)^2}$$

第 1 个主轴颈负荷极坐标图如图 4-22 所示。

多缸机相邻两缸发火间隔相同的中间主轴颈受力情况相同，仅仅存在相位差的区别。

首先要对中间轴颈负荷进行归类。如图 4-19 所示，根据五缸机的发火顺序，可知第 2、第 5 两个中间主轴颈的相邻气缸发火间隔皆为 144°，这两个中间主轴颈的负荷情况完全相同，可以归为一类，用同一个主轴颈负荷极坐标图来表示；第 3、第 4 两个中间主轴颈的相邻气缸发火间隔皆为 288°，中间主轴颈的负荷情况完全相同，可以归为另一类，用同一个主轴颈负荷极坐标图来表示。

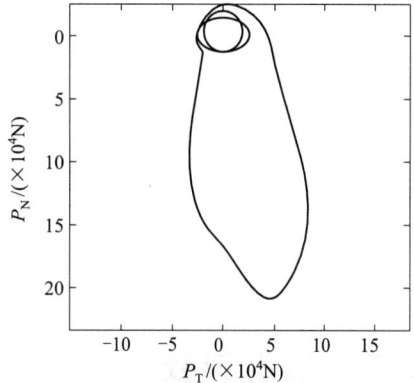

图 4-22　四冲程五缸机第 1 主轴颈负荷极坐标图

中间主轴颈受力如下：

$$P_{T(i,i+1)} = \frac{P_{T,i}}{2} + \frac{P_{T,i+1}}{2}\cos\theta - \frac{P_{N,i+1}}{2}\sin\theta$$

$$P_{N(i,i+1)} = \frac{P_{N,i}}{2} + \frac{P_{T,i+1}}{2}\sin\theta + \frac{P_{N,i+1}}{2}\cos\theta$$

四冲程五缸机的第 2 和第 3 主轴颈负荷极坐标图分别如图 4-23 和图 4-24 所示。

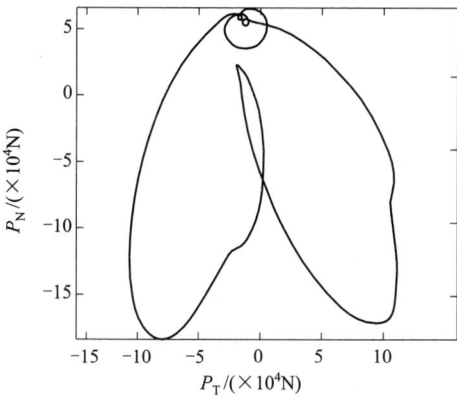

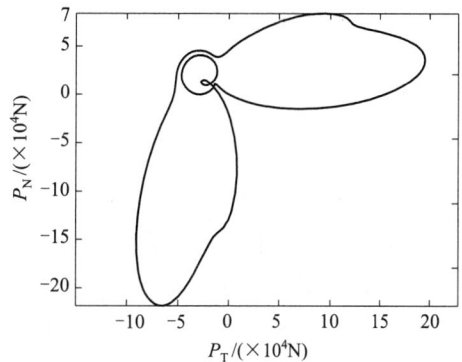

图 4-23　四冲程五缸机第 2 主轴颈负荷极坐标图　　图 4-24　四冲程五缸机第 3 主轴颈负荷极坐标图

主轴承负荷和主轴颈负荷之间是作用力与反作用力的关系，将各曲柄转角下对应的主轴颈负荷逆曲柄旋转方向转 α_1、α_2……，并放到 H-V 绝对坐标系，即可得到主轴承负荷的极

坐标图。选取第 4 主轴承、第 5 主轴承的轴承负荷分别如图 4-25、图 4-26 所示。

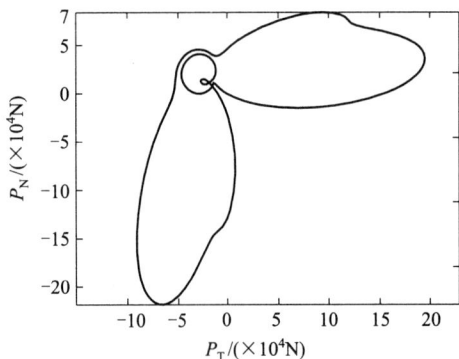

图 4-25　四冲程五缸机第 4 主轴承负荷极坐标图　　图 4-26　四冲程五缸机第 5 主轴承负荷极坐标图

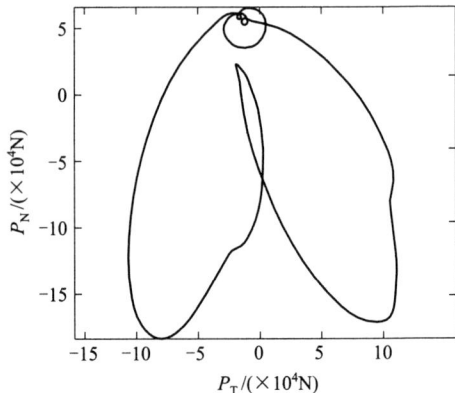

V 型主、副曲柄连杆机构内燃机的主轴颈和主轴承受力分析和正置式类似，区别在于主、副气缸力共同作用，此处不再赘述，读者可结合第 3 章内容自行编程。

4.5　本章习题

习题答案详解

① 绘制以下机型的曲柄端面图。

a. 四冲程三缸机 1—3—2。

b. 四冲程四缸机 1—4—2—3。

c. 四冲程五缸机 1—2—4—5—3。

d. 二冲程四缸机 1—4—2—3。

e. 二冲程六缸机 1—3—5—2—4—6。

f. 二冲程八缸机 1—8—2—5—3—6—4—7。

② 选择内燃机发火顺序时，应考虑哪些因素的影响？

③ 简述 V 型内燃机的发火方案及其特点。

④ 连杆大端轴承负荷与曲柄销负荷有什么关系？

⑤ 思考如何进行中间主轴颈作用力的合成。

⑥ 评价内燃机轴系回转不均匀性的指标有哪些？飞轮转动惯量如何计算？

⑦ 内燃机运转所产生的转动惯量主要包括哪几部分？都是什么？

⑧ 直列四冲程八缸机的发火间隔角是多少？画出其曲柄端面图，给出不少于 4 种发火顺序。

⑨ 已知某四冲程六缸内燃机的发火顺序为 1—2—4—6—5—3。解答以下问题：

a. 画出该内燃机的曲柄端面图。

b. 根据该内燃机曲轴各曲柄排列的特点，分析还可以有哪些发火顺序？

c. 从发火间隔均匀性考虑，该内燃机的发火间隔角应为多少？

d. 从内燃机机械负荷和热负荷角度考虑，分析该内燃机的发火顺序是否合理，并说明理由；如果不合理，选择该内燃机的最佳发火顺序，并说明理由。

⑩ 对发火顺序为 1—5—3—6—2—4 的多缸机，需要计算哪些主轴颈负荷？

第 5 章

内燃机的平衡

5.1 平衡的基本概念

通过前面曲柄连杆机构动力学的学习，我们知道作用于内燃机机体上的最主要的激励包括气体压力和惯性力两类。气体压力产生并作用在缸盖、缸套和活塞上表面的封闭空间内，构成了平衡力系，而惯性力是不能被平衡掉的，包括往复惯性力、离心惯性力以及倾覆力矩，它们是内燃机平衡分析的主要激励源。

往复惯性力 P_j 作用在气缸中心线上，是周期性变化的力，主要通过主轴承使内燃机产生上下的振动，同时它对倾覆力矩也有一定的贡献，进而产生内燃机左右的振动。对于多缸机，多个往复惯性力在气缸中心线平面内形成的合力矩还能引起内燃机前后的振动。

离心力 P_r 在 ω 一定时大小不变，方向永远是离心的，可分解为水平与垂直方向的力，显然该作用力可使内燃机在横剖面内沿各个方向振动，对多缸机同样可以合成离心惯性力矩并引起振动问题。

倾覆力矩 M_d 作用在内燃机的横剖面内，使之左右摆动。一般说来倾覆力矩是难以消除的，只能被动地依靠增强内燃机安装基础、机脚与地脚螺栓来承受倾覆力矩引起的振动。对于多缸机，也可通过增加气缸数进而使其发火均匀，减小总输出力矩的谐波分量。

由此，下面仅以一次、二次往复惯性力和离心惯性力为对象，来讲述内燃机平衡的有关内容。进行内燃机平衡性分析的目的主要有两方面：一方面是为了研究各种结构机型内燃机的平衡性能，为设计选型提供依据；另一方面是为了寻求改善内燃机平衡状态的措施，学习消除或最大限度地减弱振动力源的基本方法，使目标机型达到平衡。

当一台内燃机的往复惯性力、离心惯性力的合力以及它们的合力矩都为零时，即表明该型内燃机是完全平衡的。如果这些力或力矩中有任意一个不为零，内燃机就是不平衡的，在这种情况下，即使内燃机的质量很大，机身与安装基础的连接相当牢固，且足以保证内燃机不致跃起或翻倒，整机也会产生严重的振动现象，特别是当这些力或力矩的作用与内燃机装置上某些部件的自由振动频率相同或相近时，会形成更为剧烈的共振，严重影响内燃机的安全运行。

内燃机的平衡又有外部平衡和内部平衡之分。

① 外部平衡。将内燃机的曲轴、机体视为绝对刚体，在此前提下分析惯性力和惯性力矩的作用情况。

② 内部平衡。将曲轴、机体视作弹性体，因此考虑部件在内燃机工作过程中产生的变形。在惯性力的作用下，曲轴变形产生的附加弯矩的一部分传到机体上，使机体产生额外的周期性的变形，引起振动。从上述角度来考虑内燃机的平衡性能，称为内部平衡。

5.2　单缸内燃机的平衡分析

对单缸内燃机不存在惯性力的合成，也没有涉及力矩，分析过程相对简单。因此，首先以单缸内燃机为例开展平衡分析方法和平衡措施的研究。

5.2.1　离心惯性力

P_r 由曲柄不平衡质量、曲柄销质量及连杆大端参与回转的等效质量联合作用产生，当曲轴角速度为 ω 时，有

$$P_r = m_r R \omega^2 \tag{5-1}$$

离心惯性力的平衡方法相对简单，通常在曲臂上同离心力相反的方向配置一对质量相同的平衡重块 m_{BW}，如图 5-1 所示。设平衡重块的重心距曲轴回转中心的距离（回转半径）为 R'，则平衡条件为 $2m_{BW}R'\omega^2 = m_r R \omega^2$，即 $m_{BW} = \dfrac{m_r R}{2R'}$。

由于 m_{BW} 与 R' 成反比，故可以增大 R' 使 m_{BW} 减小，进而减少额外添加到内燃机的质量；但增加回转半径会受到曲轴箱空间等结构尺寸的限制，根据总体结构的布置条件，通常取 R' 略小于等于 R，进而合理地调整 m_{BW} 的取值；同时，设计平衡重的形状，使平衡重的重心外移。

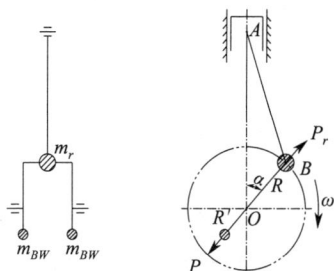

图 5-1　单缸机离心
惯性力的平衡

5.2.2　往复惯性力

按近似公式计算，活塞组质量 m_p 及连杆小端等效质量 m_{CA} 整体做往复直线运动，其质量产生的惯性力为

$$P_j = -m_j a = -m_j R\omega^2 \cos\alpha - \lambda m_j R\omega^2 \cos(2\alpha) \tag{5-2}$$

式中，$P_{jI} = -m_j R\omega^2 \cos\alpha$，常称为一次往复惯性力；$P_{jII} = -m_j \dfrac{\lambda}{4} R(2\omega)^2 \cos(2\alpha)$，常称为二次往复惯性力。

对于 P_{jI}（或 P_{jII}），可以注意到是由一个确定的幅值和一个余弦构成的，因此可以把它看作两个质量 $\dfrac{1}{2}m_j$（或者 $\dfrac{1}{2} \times \dfrac{\lambda}{4} m_j$）在半径为 R 的圆周上，以角速度 ω（或 2ω）对向回转所产生的离心力在垂直方向上投影的和，同时它们在水平方向上的投影之和等于零，如图 5-2 所示。这两个对向回转矢量称为正转矢量和反转矢量。这样就将往复直线运动等效为两个回转运动虚拟矢量，而一次、二次往复惯性力就等效为虚拟回转矢量产生的离心力在气缸中心线的投影。进而可以用平衡离心力的方法来平衡产生往复惯性力的矢量，直接使其虚拟回转矢量产生的离心力为零，显然其投影也为零，相应的平衡方法叫作正、反转矢量平衡法。

基于平衡虚拟回转矢量的思路，在实际应用中，一次、二次往复惯性力有以下两种平衡方法。

（1）正反转平衡轮系

图 5-3 为基于正反转平衡轮系平衡往复惯性力的示例。在图 5-3(a) 中，每块平衡重的质量为 m_1，其重心距其回转中心的距离为 R_1，可以得到，两块平衡重对向运转产生的离心力在水平方向上的投影之和为零，而在垂直方向上投影的合力为 $2m_1 R_1 \omega^2 \cos\alpha$。

为平衡一次往复惯性力，其合力大小应与一次往复惯性力相等，则有

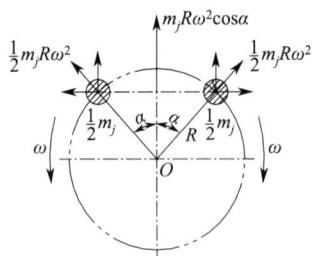

图 5-2　正反转矢量

$$2m_1 R_1 \omega^2 \cos\alpha = m_j R\omega^2 \cos\alpha$$

得 $m_1 = \dfrac{m_j R}{2R_1}$。

一次往复惯性力幅值随曲柄转角时刻变化，为使上述两力始终保持方向相反，除了保证平衡轮系与曲轴有相同的回转角速度，还应保证一次往复惯性力与正反转平衡轮系的正时关系。即当曲轴处于上止点时，两平衡重位置均应垂直向下；当曲轴转至下止点时，两平衡重也均转至垂直向上的位置。通过平衡质量位置的合理安装来实现与曲轴保持一定的正时关系。

同理，二次往复惯性力的平衡见图 5-3(b)，但此时需要确保平衡重块的回转角速度是

曲轴转速 ω 的 2 倍，因此当曲柄转角为 α 时，平衡重转过 2α 角度。

设两块平衡重的质量均为 m_2，其重心至平衡重回转中心的距离为 R_2，有

$$\frac{\lambda}{4}m_j R(2\omega)^2 \cos(2\alpha) = 2m_2 R_2 (2\omega)^2 \cos(2\alpha)$$

$$m_2 = \frac{\lambda m_j R}{8R_2}$$

同时，二次平衡重的安装位置与一次往复惯性力平衡重的安装位置一样，必须与曲柄转角保持一定的正时关系。

在实际应用中，正反转平衡轮系一般只平衡一次往复惯性力，只有在实验室等对内燃机平衡有特殊需求的情况时，才会平衡二次往复惯性力。

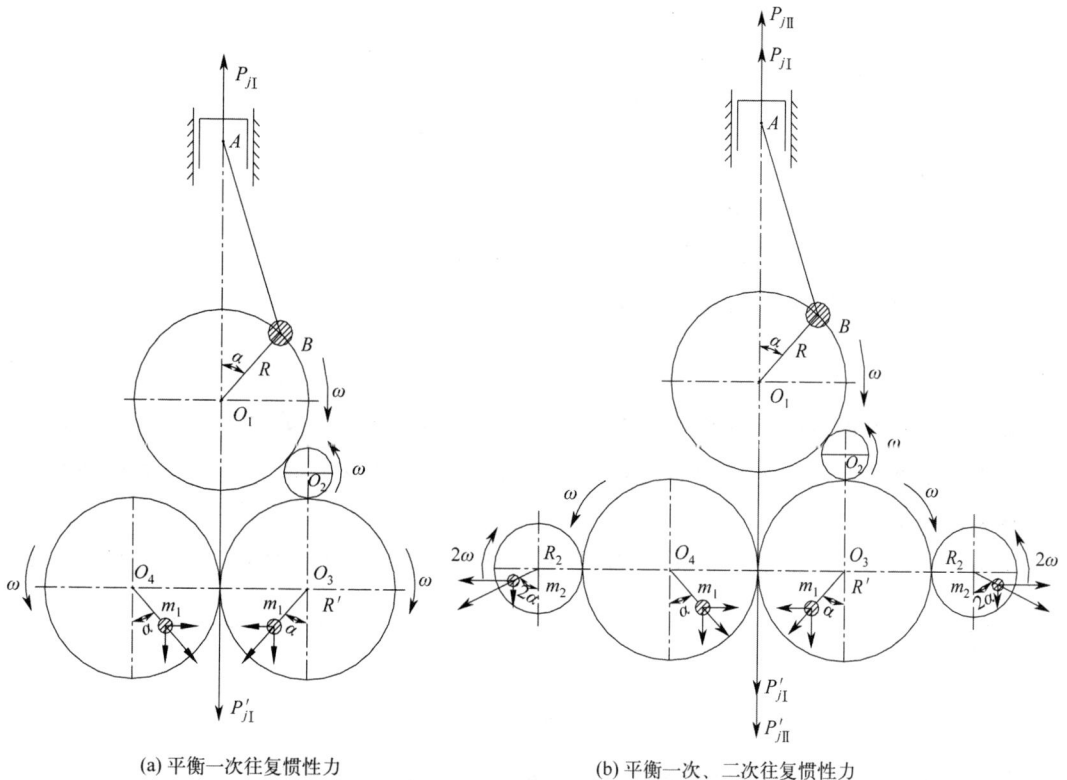

(a) 平衡一次往复惯性力　　　　　(b) 平衡一次、二次往复惯性力

图 5-3　平衡往复惯性力的正反转平衡轮系

（2）用平衡重平衡部分一次往复惯性力

由前文可知，一次往复惯性力的表达式为

$$P_{j\text{I}} = -m_j R\omega^2 \cos\alpha = P_{j\text{I max}} \cos\alpha$$

该式为一个简谐变化的量，其周期与曲柄转角的回转周期一致，借助虚拟回转矢量，一次往复惯性力可以看作以 ω 为角速度回转的虚拟回转矢量圆周运动产生的离心力 $m_j R\omega^2 = P_{j\text{I max}}$ 在气缸中心线上的投影，可以考虑使用平衡离心力的方法对虚拟矢量的离心力进行平衡。

在每个曲柄臂下配备两个平衡重，每个平衡重质量为 m_3，回转半径为 R'[图 5-4(a)]，当曲轴以角速度 ω 旋转时，平衡重随曲轴旋转产生的离心力为 $2m_3R'\omega^2$，可以分解为水平、垂向两个分力，即垂直于气缸中心线的分力 $2m_3R'\omega^2\sin\alpha$ 和沿气缸中心线的分力 $2m_3R'\omega^2\cos\alpha$。显然沿气缸中心线的分力，与 P_{jI} 平衡，则必有 $2m_3R'\omega^2\cos\alpha - m_jR\omega^2\cos\alpha = 0$，故每个平衡重的质量为 $m_3 = \dfrac{m_jR}{2R'}$。

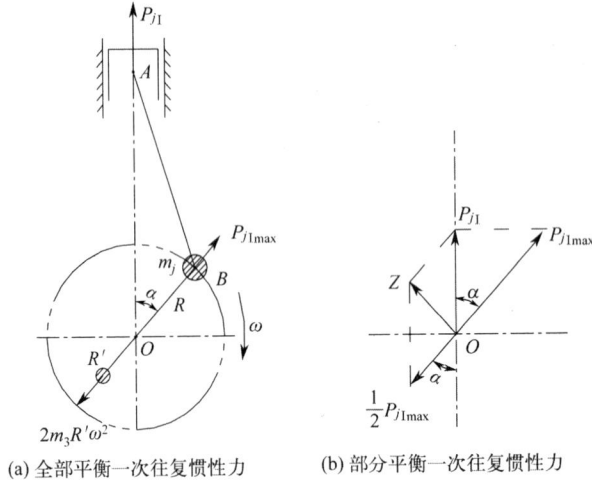

(a) 全部平衡一次往复惯性力　　　(b) 部分平衡一次往复惯性力

图 5-4　使用平衡重平衡一次往复惯性力

上式表明，平衡重产生的离心惯性力沿气缸中心线的分力总是与 P_{jI} 大小相等、方向相反。但在平衡了一次往复惯性力的同时，新引入了 $2m_3R'\omega^2\sin\alpha$，该力不能被平衡，可使内燃机产生横向振动。

上面的分析说明平衡重不能直接平衡往复惯性力，而只是把它转过 $90°$ 置于另一个平面而已。因此，在实际工程应用中，往往只转移部分一次往复惯性力。如平衡重的质量取 $\dfrac{1}{2}m_j$，回转半径为 R，产生的离心力为 $\dfrac{1}{2}m_jR\omega^2 = \dfrac{1}{2}P_{jI\max}$。

如图 5-4(b) 所示，根据余弦定理，求矢量和，其幅值可表示为

$$Z = \sqrt{\left(\frac{1}{2}P_{jI\max}\right)^2 + (P_{jI})^2 - 2\left(\frac{1}{2}P_{jI\max}\right)(P_{jI})\cos\alpha}$$

$$= \sqrt{\left(\frac{1}{2}m_jR\omega^2\right)^2 + (m_jR\omega^2\cos\alpha)^2 - 2\left(\frac{1}{2}m_jR\omega^2\right)(m_jR\omega^2\cos\alpha)\cos\alpha}$$

$$= \frac{1}{2}m_jR\omega = \frac{1}{2}P_{jI\max}$$

上式说明，如果用往复运动质量 m_j 的一半作平衡重来平衡一次往复惯性力，则合力 $\vec{Z}$ 的大小为 $P_{jI\max}$ 的一半，说明垂向的载荷得到一定程度的缓解，同时水平方向增加了可接受的载荷，该方法可能对内燃机的振动状况和主轴承负荷起到一定的改善作用。对于卧式单缸机，由

于其水平方向的等效刚度较大，通常可以转移内燃机振动和主轴承负荷力的 $40\%\sim60\%$。

当同时考虑通过平衡重控制离心惯性力和一部分一次往复惯性力时，可以计算曲轴所设置平衡重的总质量，包括平衡离心惯性力的质量 $2m_{BW}$ 和平衡一次惯性力的质量 $\frac{1}{2}m_j$。

因此，当两部分用途的平衡重回转半径同为 R' 时，平衡重总质量如下：

$$m' = 2m_{BW} + 2m_3 = 2 \times \frac{m_r R}{2R'} + 2 \times \frac{\frac{1}{2}m_j R}{2R'}$$

$$= \left(m_r + \frac{1}{2}m_j\right)\frac{R}{R'}$$

5.3 直列式内燃机平衡分析的解析法

前文提到，对直列式多缸内燃机来说，各缸的惯性力构成空间力系，且除了惯性激励以外，还存在各缸激励产生的惯性力矩，因此对直列式内燃机的平衡分析，需要考虑以下力和力矩的作用：

a. 合成离心惯性力；b. 合成离心惯性力矩；c. 合成一次往复惯性力；d. 合成一次往复惯性力矩；e. 合成二次往复惯性力；f. 合成二次往复惯性力矩；g. 合成倾覆力矩。

倾覆力矩不能被平衡，只能通过被动地提高机脚、地脚螺栓的强度来克服，这里主要基于 a～f 来讨论内燃机平衡问题。

当内燃机 a～f 的值都为零时，定义该型内燃机是完全平衡的。如果这些力或力矩有任意一个不为零，内燃机就是不平衡的，需要获取内燃机平衡特性，并采取措施对其进行控制。

直列式多缸内燃机的平衡计算方法有两种，即解析法和图解法。

① 解析法：基于力系分解推导力与力矩的计算公式。该方法为定量分析，结果准确。

② 图解法：基于曲柄端面图，应用多边形作图法求力与力矩的合成矢量。该方法可定性或定量分析，求解过程直观，易于理解。

由理论力学，可知力与力矩平衡需要满足的条件如下。

① 整根曲轴换算质量的重心与曲轴回转中心线重合。若满足，则有 $\sum P_r = 0$，若 $\sum P_r \neq 0$，可以采用平衡重调整。

② 回转质量离心惯性力对曲轴回转中心线上任意点的力矩之和为零。若满足，则有 $\sum M_r = 0$。

本节即采用上述平衡条件，基于解析法分析直列式内燃机的平衡性，推导各合力与合力矩的计算公式。

（1）离心惯性力 P_r、离心惯性力矩 M_r

下面以四冲程三缸机为例，推导 $\sum P_r$ 的计算过程。按照曲柄排列方式绘制曲柄端面图，在任意曲柄转角下，各缸离心惯性力的方向见图 5-5。

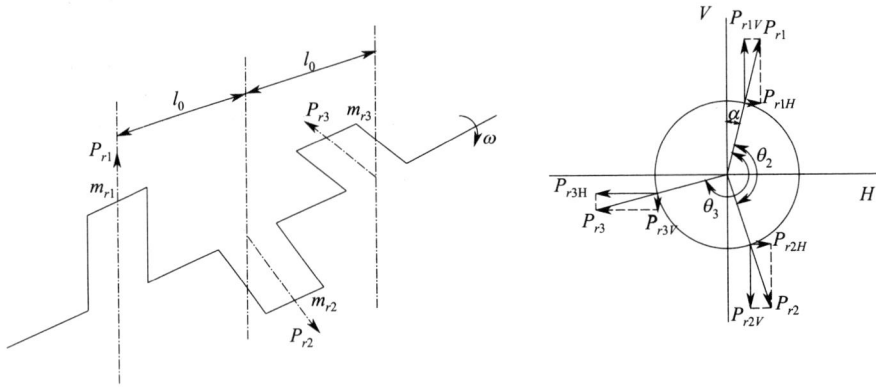

图 5-5 离心惯性力的推导

如图 5-5 所示，多缸机的离心惯性力构成空间力系。为了求解合力，可以基于合矢量求解原则，即各矢量在任一方向投影之和等于合矢量在该方向的投影，将 P_r 按照坐标系分解为 P_{rV}、P_{rH}，求水平、垂直方向合力后再进行合力求解。

按此思路，将一缸的 P_r 向两个方向分解，并求合力，有

$$\begin{cases} P_{rV} = P_r \cos\alpha = m_r R\omega^2 \cos\alpha \\ P_{rH} = P_r \sin\alpha = m_r R\omega^2 \sin\alpha \\ \sum P_{rV} = P_{r1V} + P_{r2V} + \cdots + P_{rzV} \\ \qquad = m_r R\omega^2 [\cos(\alpha+\theta_1) + \cos(\alpha+\theta_2) + \cdots + \cos(\alpha+\theta_z)] \\ \sum P_{rH} = P_{r1H} + P_{r2H} + \cdots + P_{rzH} \\ \qquad = m_r R\omega^2 [\sin(\alpha+\theta_1) + \sin(\alpha+\theta_2) + \cdots + \sin(\alpha+\theta_z)] \end{cases} \tag{5-3}$$

式中，θ_i 为各曲柄与第一曲柄的夹角，显然 $\theta_1 = 0$。基于式(5-3)继续求合力，有离心惯性力合力为

$$\sum P_r = \sqrt{\sum P_{rV}^2 + \sum P_{rH}^2} \tag{5-4}$$

对于曲柄均匀排列的多缸机，P_{ri} 相等，方向离心，故定有 $\sum P_r = 0$。

在计算 $\sum M_r$ 的过程中，涉及力臂，可以在式(5-3)的基础上，将各缸惯性力的垂直分力和水平分力向内燃机重心的基准面取矩，作和得

$$\begin{cases} \sum M_{rV} = m_r R\omega^2 [l_1 \cos(\alpha+\theta_1) + l_2 \cos(\alpha+\theta_2) + \cdots + l_z \cos(\alpha+\theta_z)] \\ \sum M_{rH} = m_r R\omega^2 [l_1 \sin(\alpha+\theta_1) + l_2 \sin(\alpha+\theta_2) + \cdots + l_z \sin(\alpha+\theta_z)] \end{cases} \tag{5-5}$$

式中，l_i 为第 i 缸气缸中心线到基准面的距离，基准面左侧取正，右侧取负。在式(5-5)的基础上，计算合力矩为

$$\sum M_r = \sqrt{\sum M_{rV}^2 + \sum M_{rH}^2} \tag{5-6}$$

为充分研究内燃机平衡特性，方便分析及后续控制，若合力矩不为零，通常需要找到 $\sum M_{r\max}$ 的位置，可令

$$\frac{d(\sum M_{rV})}{d\alpha}=0,\frac{d(\sum M_{rH})}{d\alpha}=0$$

计算得到合力矩取极值时对应的 α，并得到与之对应的力矩最大值。

（2）往复惯性力 P_j、往复惯性力矩 M_j

直列式多缸机的往复惯性力构成了平面力系，均沿气缸中心线作用，因此其合力及合力矩较易获得，一次、二次往复惯性力的形式如下：

$$\begin{cases} P_{j\,\mathrm{I}}=-m_jR\omega^2\cos\alpha \\ P_{j\,\mathrm{II}}=-\dfrac{\lambda}{4}m_jR(2\omega)^2\cos(2\alpha) \end{cases} \tag{5-7}$$

如图 5-5 所示，往复惯性力构成平面力系，沿各自气缸中心线，合力为各缸往复惯性力的代数和，即

$$\begin{cases} \sum P_{j\,\mathrm{I}}=P_{j\,\mathrm{I}1}+P_{j\,\mathrm{I}2}+\cdots+P_{j\,\mathrm{I}z} \\ \qquad =-m_jR\omega^2\left[\cos(\alpha+\theta_1)+\cos(\alpha+\theta_2)+\cdots+\cos(\alpha+\theta_z)\right] \\ \sum P_{j\,\mathrm{II}}=P_{j\,\mathrm{II}1}+P_{j\,\mathrm{II}2}+\cdots+P_{j\,\mathrm{II}z} \\ \qquad =-\dfrac{\lambda}{4}m_jR(2\omega)^2\{\cos[2(\alpha+\theta_1)]+\cos[2(\alpha+\theta_2)]+\cdots+\cos[2(\alpha+\theta_z)]\} \end{cases} \tag{5-8}$$

对比式(5-3) 和 （5-8），式中均出现的 $\alpha+\theta_i$，可以有下面两种解释。

第一种解释，P_j 与加速度有关，加速度表达式所含的 α 与 $\alpha+\theta_i$ 有关。

第二种解释，P_j 可看作幅值分别为 $m_jR\omega^2$、$\dfrac{\lambda}{4}m_jR(2\omega)^2$ 的虚拟回转矢量旋转产生的离心惯性力在气缸中心线上的投影。

同时可以看出，$\sum P_{j\,\mathrm{I}}$ 与 $\sum P_r$ 的形式基本相同，只是质量不同。

将各缸的一次、二次往复惯性力向内燃机重心的基准面取矩，得到 $\sum M_{j\,\mathrm{I}}$、$\sum M_{j\,\mathrm{II}}$ 的计算式为

$$\begin{cases} \sum M_{j\,\mathrm{I}}=P_{j\,\mathrm{I}1}l_1+P_{j\,\mathrm{I}2}l_2+\cdots+P_{j\,\mathrm{I}z}l_z \\ \qquad =-m_jR\omega^2\left[l_1\cos(\alpha+\theta_1)+l_2\cos(\alpha+\theta_2)+\cdots+l_z\cos(\alpha+\theta_z)\right] \\ \sum M_{j\,\mathrm{II}}=P_{j\,\mathrm{II}1}l_1+P_{j\,\mathrm{II}2}l_2+\cdots+P_{j\,\mathrm{II}z}l_z \\ \qquad =-\dfrac{\lambda}{4}m_jR(2\omega)^2\{l_1\cos[2(\alpha+\theta_1)]+l_2\cos[2(\alpha+\theta_2)]+\cdots+l_z\cos[2(\alpha+\theta_z)]\} \end{cases} \tag{5-9}$$

式中，l_1、l_2、$\cdots$、l_z 为各气缸中心线到基准面的距离，基准面左侧力矩取正，右侧取负。

基于式(5-5)、式(5-9)，显然由于 l_1、l_2、$\cdots$、l_z 的数值不同，增加了 $\sum M_r$、$\sum M_{j\,\mathrm{I}}$、$\sum M_{j\,\mathrm{II}}$ 不为零的可能。

同理，求力与力矩最大值所在位置，可以分别将上式对 α 求导，获取极值对应的 α 值。合成往复惯性力与力矩值随 α 变化，但作用方向始终在垂直平面内，在水平面内无分量。

（3）解析法分析直列式多缸内燃机平衡性实例

某型二冲程六缸机，发火顺序为 1—6—2—4—3—5，基于解析法分析内燃机的平衡性。

首先依照发火顺序绘制曲柄端面图如图 5-6 所示，计算该型内燃机的发火间隔角、曲柄夹角分别为 $\xi=\dfrac{360°}{6}=60°$，$\theta=60°$。

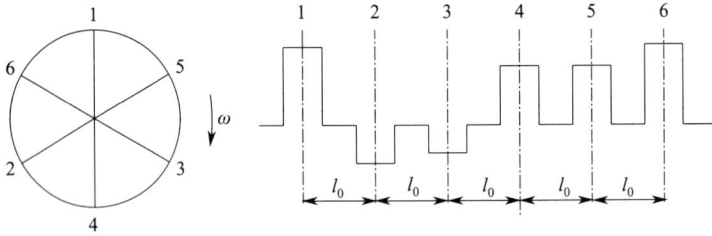

图 5-6　二冲程六缸机的曲柄端面图

① 合成离心惯性力 $\sum P_r$。由于内燃机曲柄排列均匀，各缸 P_r 大小相等、方向离心，由式(5-3) 可得 $\sum P_r=0$。在此补充，对于绝大多数曲柄排列均匀的机型，都有 $\sum P_r=0$。

② 合成一次往复惯性力 $\sum P_{j\mathrm{I}}$。由式(5-8)，有

$$\sum P_{j\mathrm{I}}=-m_jR\omega^2\left[\cos(\alpha)+\cos(\alpha+240°)+\cos(\alpha+120°)+\cos(\alpha+180°)+\cos(\alpha+60°)+\cos(\alpha+300°)\right]=0$$

③ 合成二次往复惯性力 $\sum P_{j\mathrm{I}}$。式(5-8)，有

$$\sum P_{j\mathrm{II}}=-\frac{\lambda}{4}m_jR(2\omega)^2\{\cos(2\alpha)+\cos[2(\alpha+240°)]+\cos[2(\alpha+120°)]+\cos[2(\alpha+180°)]+\cos[2(\alpha+60°)]+\cos[2(\alpha+300°)]\}=0$$

其实，对目前涉及的大多数机型，因为曲柄排列均匀，尺寸一致（曲臂、活塞组），不涉及力臂等，通常 $\sum P_r$、$\sum P_{j\mathrm{I}}$、$\sum P_{j\mathrm{II}}$ 为零。

④ 合成离心惯性力矩 $\sum M_r$。基准面取第四缸气缸中心线，由式(5-5)，有

$$\sum M_{rV}=m_rR\omega^2\left[3l_0\cos\alpha+2l_0\cos(\alpha+240°)+l_0\cos(\alpha+120°)-l_0\cos(\alpha+60°)-2l_0\cos(\alpha+300°)\right]$$

曲柄图中第一曲柄处于上止点，$\alpha=0°$，故

$$\sum M_{rV}=m_rR\omega^2l_0(3\cos0°+2\cos240°+\cos120°-\cos60°-2\cos300°)=0$$

$$\sum M_{rH}=m_rR\omega^2\left[3l_0\sin\alpha+2l_0\sin(\alpha+240°)+l_0\sin(\alpha+120°)-l_0\sin(\alpha+60°)-2l_0\sin(\alpha+300°)\right]$$
$$=m_rR\omega^2l_0(3\sin0°+2\sin240°+\sin120°-\sin60°-2\sin300°)$$
$$=0$$

$$\sum M_r=\sqrt{\sum M_{rV}^2+\sum M_{rH}^2}=0$$

⑤ 合成一次往复惯性力矩 $\sum M_{j\mathrm{I}}$。由式(5-9)，有

$$\sum M_{j\mathrm{I}}=-m_jR\omega^2\left[3l_0\cos\alpha+2l_0\cos(\alpha+240°)+l_0\cos(\alpha+120°)-l_0\cos(\alpha+60°)-2l_0\cos(\alpha+300°)\right]=0$$

⑥ 合成二次往复惯性力矩 $\sum M_{j\mathrm{II}}$。由式(5-9)，有

$$\sum M_{j\,\mathrm{II}} = -\frac{\lambda}{4} m_j R (2\omega)^2 \{3l_0 \cos(2\alpha) + 2l_0 \cos[2(\alpha+240°)] + l_0 \cos[2(\alpha+120°)] -$$
$$l_0 \cos[2(\alpha+60°)] - 2l_0 \cos[2(\alpha+300°)]\}$$
$$= -\frac{3}{4}\lambda m_j R (2\omega)^2 l_0$$

以上是 $\alpha = 0$ 时的情况，$\sum M_{j\,\mathrm{II}} \neq 0$，说明对此内燃机而言，二次合成往复惯性力矩不为零，内燃机不平衡。

接下来求 $\sum M_{j\,\mathrm{II}}$ 最大值及 α 对应的位置。化简二次合成往复惯性力矩表达式，表示为曲柄转角 α 的函数，即

$$\sum M_{j\,\mathrm{II}} = -\frac{\lambda}{4} m_j R (2\omega)^2 \{3l_0 \cos(2\alpha) + 2l_0 \cos[2(\alpha+240°)] + l_0 \cos[2(\alpha+120°)] -$$
$$l_0 \cos[2(\alpha+60°)] - 2l_0 \cos[2(\alpha+300°)]\}$$
$$= -\frac{\sqrt{3}}{4}\lambda m_j R (2\omega)^2 l_0 (\sqrt{3}\cos2\alpha - \sin2\alpha)$$

令 $\dfrac{\mathrm{d}(\sum M_{j\,\mathrm{II}})}{\mathrm{d}\alpha} = 0$，取极值，化简得到

$$-\sqrt{3}\sin(2\alpha) - \cos(2\alpha) = 0, \tan(2\alpha) = -\frac{\sqrt{3}}{3}, \alpha = 75° \text{或} \alpha = 165°$$

这说明 $\sum M_{j\,\mathrm{II}\,\mathrm{max}}$ 出现在 $\alpha = 75°$ 或 $\alpha = 165°$ 位置（时刻）。

当 $\alpha = 75°$ 时，有

$$\sum M_{j\,\mathrm{II}\,\mathrm{max}} = -\frac{\sqrt{3}}{4}\lambda m_j R (2\omega)^2 l_0 (\sqrt{3}\cos150° - \sin150°)$$
$$= 2\sqrt{3}\lambda m_j R \omega^2 l_0$$

当 $\alpha = 165°$ 时，有

$$\sum M_{j\,\mathrm{II}\,\mathrm{max}} = -2\sqrt{3}\lambda m_j R \omega^2 l_0$$

实际上，考虑到一个工作循环，二次合成往复惯性力矩最大值将出现在 4 个角度，即 75°、165°、255°、345°。

当 $\alpha = 75°$、255° 时，$\sum M_{j\,\mathrm{II}\,\mathrm{max}} = 2\sqrt{3}\lambda m_j R\omega^2 l_0$，方向向下；当 $\alpha = 165°$、345° 时，$\sum M_{j\,\mathrm{II}\,\mathrm{max}} = -2\sqrt{3}\lambda m_j R\omega^2 l_0$，方向向上。

5.4 直列式内燃机平衡分析的图解法

上一节主要介绍了直列内燃机的解析法，该方法通过受力分解、列式计算来开展平衡分析，计算结果准确，易于问题的程序化。多缸机的振动力源同单缸机的一样，每种力依照曲

柄排列方式分布，构成空间力系，并因此产生了所谓合力以及合力矩，可以考虑直接从各力与力矩的空间布置情况出发，基于力和力矩的矢量合成实现平衡问题涉及的各合矢量求解。由此，对直列内燃机的平衡问题，提出了另一种方法，我们称之为图解法，它既简单直观，又可以定量分析，是内燃机平衡计算的主要方法，本节主要介绍该法。

5.4.1 离心惯性力与一次往复惯性力的平衡分析

以四冲程三缸内燃机为例，基于图解法研究其平衡特性，已知发火顺序为 1—3—2，发火间隔角 $\xi = \dfrac{720°}{3} = 240°$，曲柄端面图夹角 $\theta = \dfrac{360°}{3} = 120°$，如图 5-7 所示。

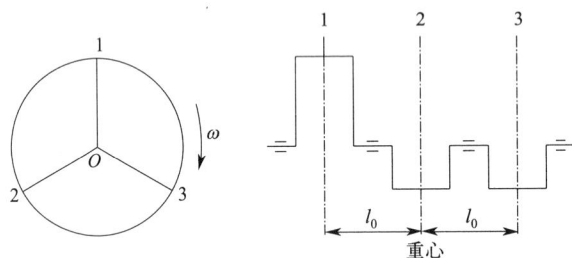

图 5-7　四冲程三缸内燃机曲柄端图及平衡分析

（1）离心惯性力

设 P_{r1}、P_{r2}、P_{r3} 分别为各缸离心惯性力，因它们不作用在一个平面上，欲求合力，须将它们移到相同平面上。如图 5-8 所示，得一平面力系和一组力偶系，因离心力方向与曲柄方向重合，故矢量分布图与曲柄端面图是一样的，可以基于矢量多边形法合成，亦可通过向以轴心为原点的直角坐标系投影得到。

一般地，各缸均匀发火，曲柄排列均匀，离心力在数值上相等，曲柄端面图上的合力总能连成一条首尾相连的闭环线，因此总有 $\sum P_r = 0$，即离心力合成结果是自身平衡。

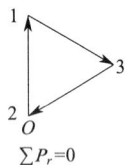

图 5-8　离心惯性力的平衡分析

（2）一次往复惯性力

一次往复惯性力的表达式为 $P_{jⅠ} = -m_j R\omega^2 \cos\alpha$，仍可以借助虚拟回转矢量的概念，假设在每个曲柄处有一个虚拟质量旋转产生离心力 $P = -m_j R\omega^2$，则它在气缸中心线上的投影就等于 $P_{jⅠ}$。

显然各缸虚拟回转矢量在气缸中心线上投影之和，就等于一次往复惯性力之和，根据各矢量在任一方向投影之和等于合矢量在该方向的投影这一力学定理，可以先求各缸虚拟回转矢量的合矢量，然后再将其投影到气缸中心线上，就得到了一次往复惯性力之和。

因此，求解 $P_{jⅠ}$ 合力的步骤同求离心惯性力一样，先求出各缸一次往复惯性力的最大值的合力，再往气缸中心线投影，即得 $\sum P_{jⅠ}$，显然当离心惯性力平衡时，一次往复惯性力必平衡。

对前述四冲程三缸机，各缸一次往复惯性力的最大值是相等的，即

$$(P_{j\,I}^1)_{\max}=(P_{j\,I}^2)_{\max}=(P_{j\,I}^3)_{\max}=m_jR\omega^2$$

具体分析过程与图 5-8 相似，只须将各力换作 $(P_{j\,I}^i)_{\max}$ $(i=1,2,3)$ 即可。

如图 5-9 所示，显然有 $\sum P_{j\,I}=0$。

对比发现，各缸离心力、一次往复惯性力最大值的矢量分布图与曲柄端面图完全一致，可直接利用曲柄端面图进行矢量合成。

对于多缸机，由于各缸的 P_r、$(P_{j\,I})_{\max}$ 相等且均匀分布，故其合成矢量必为 0，即 $\sum P_r=0$，$\sum P_{j\,I}=0$。

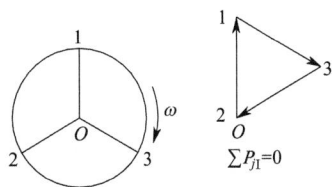

图 5-9　一次往复
惯性力的平衡分析

5.4.2　二次往复惯性力的平衡分析

二次往复惯性力的形式如下：

$$P_{j\,II}=-\frac{\lambda}{4}m_jR(2\omega)^2\cos(2\alpha)$$

如前所述，基于虚拟回转矢量的概念，它可看成一个离心力，即二次往复惯性力最大值 $(P_{j\,II})_{\max}=-\dfrac{\lambda}{4}m_jR\ (2\omega)^2$ 在气缸中心线上的投影。所以，求各缸 $P_{j\,II}$ 合力的方法与求 $P_{j\,I}$ 合力的方法相同。首先求各缸 $P_{j\,II}$ 最大值的矢量分布图，然后求合矢量，此矢量向气缸中心线投影即为 $\sum P_{j\,II}$。

需要注意的是二次往复惯性力对应的虚拟回转矢量的角速度是 2ω，即当曲轴转过 α 角度时，它转过 2α 角度，这是其求解所用矢量图与一次往复惯性力的不同之处。下面仍以前述四冲程三缸机为例进行说明。发火间隔确定后，以 ω 回转的一次曲柄间夹角为 θ，当 $(P_{j\,II}^1)_{\max}$ 在上止点时，$(P_{j\,II}^2)_{\max}$ 已转至上止点 $2\theta=480°$，$(P_{j\,II}^3)_{\max}$ 则在上止点前 $2\theta=-480°$，如图 5-10 所示。

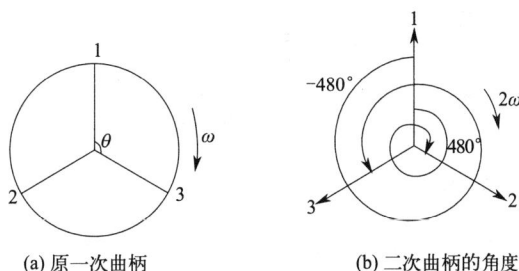

(a) 原一次曲柄　　　　　　　　(b) 二次曲柄的角度

图 5-10　二次往复惯性力平衡分析

在各缸 $(P_{j\,II})_{\max}$ 的矢量分布图上，矢量的夹角为曲柄端面图上相应曲柄间夹角的 2 倍，将这个矢量图称作二次曲柄图。二次曲柄的角速度为 2ω，各缸二次往复惯性力最大值的合力，即虚拟回转矢量的合力，可根据二次曲柄图求出。

由图 5-11 可知，$(P_{j\,II}^i)_{\max}$ $(i=1,2,3)$ 大小相等，各矢量沿周向均匀分布，故其合矢量必为零，即 $\sum(P_{j\,II}^i)_{\max}=0$，从而 $\sum P_{j\,II}=0$。

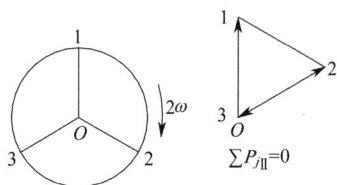

图 5-11　二次曲柄及二次往复惯性力的平衡分析

可以验证，三缸以上的内燃机（四冲程四缸机除外）的二次往复惯性力均可达到平衡，即有 $\sum P_{j\text{II}} = 0$。

因此，对于绝大多数直列式多缸机的平衡问题，如果曲柄排列均匀，全部的惯性力合力均为零，内燃机的平衡计算实际上就是对离心力偶 $\sum M_r$、一次往复惯性力偶 $\sum M_{j\text{I}}$ 及二次往复惯性力偶 $\sum M_{j\text{II}}$ 的计算。

下面举两个例子，分别求二次曲柄图。

【例 1】 某内燃机厂设计制造的四冲程四缸机，发火顺序为 1—3—4—2，绘制其曲柄端面图和二次曲柄图。

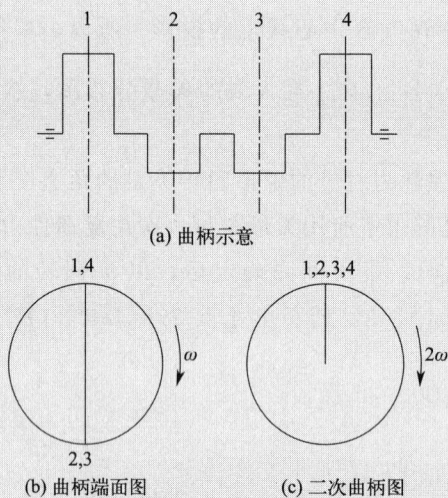

(a) 曲柄示意

(b) 曲柄端面图　　　　(c) 二次曲柄图

图 5-12　四冲程四缸内燃机曲柄

解： 该内燃机曲柄示意如图 5-12(a) 所示。已知发火顺序为 1—3—4—2，发火间隔角计算如下：

$$\xi = \theta = \frac{720^\circ}{4} = 180^\circ$$

绘制曲柄端面图如图 5-12(b) 所示，因二次曲柄图上各矢量的夹角为相应的曲柄端面图上曲柄夹角的 2 倍，故可画出二次曲柄图如图 5-12(c) 所示。

引申可知，$\sum (P_{j\text{II}})_{\max} = 4 (P_{j\text{II}}^1)_{\max}$，其二次往复惯性力不为零。

【例 2】 某型二冲程九缸内燃机的发火顺序为 1—6—7—3—4—9—2—5—8，绘制其曲柄端面图和二次曲柄图。

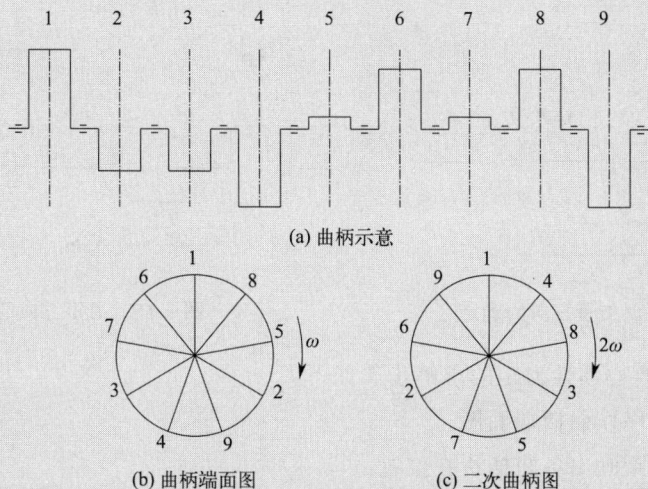

(a) 曲柄示意

(b) 曲柄端面图

(c) 二次曲柄图

图 5-13 二冲程九缸内燃机曲柄

解：该内燃机曲柄示意如图 5-13（a）所示。计算发火间隔角 $\xi=\theta=\dfrac{360°}{9}=40°$，可得曲柄端面图如图 5-13（b）所示，同样可求出其二次曲柄图如图 5-13（c）所示，显然有下式成立：

$$\sum(P_{j\,\mathrm{II}})_{\max}=0$$

5.4.3 离心惯性力矩与一次往复惯性力矩的平衡分析

（1）离心惯性力矩

基于图解法进行离心惯性力的平衡时，显然用于合成的各缸离心力不在一个平面内，必须进行力系的平移，其结果不仅产生合力，还产生一组力偶，即各缸离心惯性力矩，本小节主要研究该力矩的合成计算。

力学上对力偶方向的规定为：力偶矢量垂直于其作用平面，用右手法则确定，如图 5-14 所示。为了利用曲柄端面图求合力偶，可将全部力偶矩方向顺时针转过 90°，如图 5-15 所示，作用于第一曲柄的集中力 P 对曲轴回转中心线上任一点 O 取力矩，若集中力 P 与 O 点的距离为 a，则力矩幅值可表示为 Pa。力矩方向为水平向左，此时力矩方向与第一曲柄夹角为 90°，为保证一致性，将其顺时针旋转 90°，使其与第一曲柄重合。对所有力矩均如此处理，显然对力矩合成结果并无影响，只是需要在力矩合成后再将力矩方向逆时针转 90° 至正确方向。

此外，由图 5-15 可知，在基准面左侧的力矩矢量指向曲柄的离心方向，而在基准面右侧的力矩矢量指向曲柄的向心方向。

针对前述的发火顺序为 1—3—2 的四冲程三缸机，将各缸离心力矩均顺时针转过 90° 后，力矩的分布情况与曲柄端面图的曲柄排列重合，因此可借鉴合力的求解过程，利用其求合力

矩 $\sum M_r$，如图 5-16 所示。

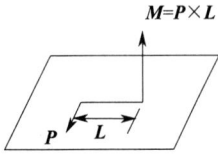

图 5-14　力偶矢量方向的确定

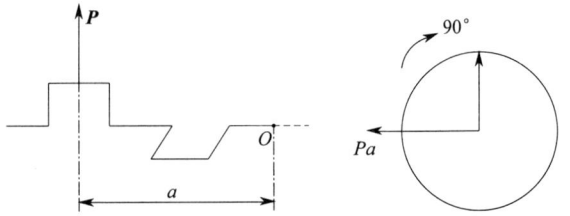

图 5-15　力矩方向的旋转示意

基于图解法对离心惯性力矩的求解步骤如下：

① 根据发火顺序作曲柄端面图。

② 根据气缸间距画出各曲柄所在位置。

③ 取定基准面（中央投影面）。

④ 对基准面求各缸力矩，可得各力矩幅值分别为 $M_r = aP_{r1}$，$M_{r2} = 0$，$M_{r3} = aP_{r3}$，$P_{r1} = P_{r3} = m_r R\omega^2 a$。

⑤ 利用曲柄端面图，求合力矩，即

$$\sum M_r = 2M_r \cos 30° = \sqrt{3}\, m_r R\omega^2 a$$

⑥ 求出合力矩后，需注意其方向应逆时针转 90°，才为合力矩的真实方向。随着曲柄旋转，合力矩的方向也随曲柄旋转，但其作用面相对曲柄是不变的。

（2）一次往复惯性力矩

在进行一次往复惯性力平衡分析时，利用了虚拟回转矢量的概念，这里仍基于此概念，先求出 $(P_{jⅠ})_{max}$ 的合力矩，然后向气缸中心线投影即得 $\sum M_{jⅠ}$，如图 5-17 所示。

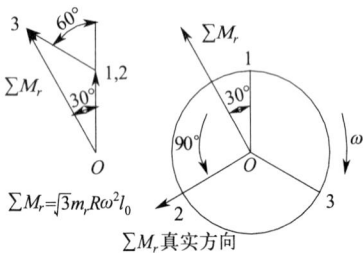

图 5-16　离心惯性力矩的平衡分析

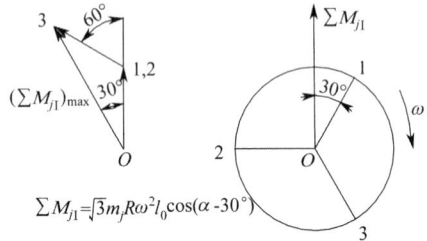

图 5-17　一次往复惯性力矩的平衡分析

因为 $(P_{jⅠ})_{max}$ 的矢量分布图与 P_r 一样，故 $\sum(M_{jⅠ})_{max}$ 的求法与 $\sum M_r$ 求法基本相同。

分析步骤如下：

① 根据发火顺序作曲柄端面图。

② 根据气缸间距画出各曲柄所在位置。

③ 取定基准面（中央投影面）。

④ 对基准面求各缸 $(P_{jI})_{max}$ 的力矩。

⑤ 求合力矩，如 $\sum (M_{jI})_{max} = \sqrt{3} m_j R \omega^2 a$。

⑥ 将 $\sum (M_{jI})_{max}$ 向气缸中心线投影，得 $\sum M_{jI}$。注意：$\sum (M_{jI})_{max}$ 也是随曲轴以 ω 回转的。

⑦ 将得到的合力矩 $\sum M_{jI}$ 再逆时针转 $90°$，即为 $\sum \boldsymbol{M}_{jI}$。

（3）离心惯性力矩和一次往复惯性力矩的特点

通过对离心惯性力和一次往复惯性力的分析可知，两种合成惯性力与力矩有其各自的特点，总结如下。

① 离心力 P_r 的作用线与曲柄重合，大小不变，方向永远离心；往复惯性力 P_j 始终作用在气缸中心线上，方向不变，大小周期性变化。

② 离心惯性力矩的合矢量 $\sum \boldsymbol{M}_r$ 大小不变，方向始终变化，但它的作用面与第一曲柄的夹角不变；而往复惯性力矩的合矢量 $\sum \boldsymbol{M}_{jI}$ 的作用面始终在内燃机纵平面内，$\sum \boldsymbol{M}_{jI}$ 的大小变化，作用面不变。

③ 在内燃机平衡分析时，对离心惯性力矩和一次往复惯性力矩的合矢量求解，可利用这种相似性简化计算分析过程。

5.4.4 二次往复惯性力矩的平衡分析

从 5.4.1、5.4.3 节可知，曲柄端面图即代表了各缸离心力及一次往复惯性力最大值的矢量分布图。把力矩矢量适当旋转后，又可利用曲柄端面图求各缸离心力矩、一次往复惯性力矩最大值的合矢量。

在分析二次往复惯性力时，我们引入了二次曲柄的概念，由二次曲柄图可方便地求出其合力。同样，基于虚拟回转矢量的概念，二次曲柄代表了各缸二次往复惯性力最大值分布，利用它也可以求出二次往复惯性力最大值的合力矩，与离心惯性力矩的求解方法相似。

对于四冲程三缸机，利用二次曲柄即可求 $(\sum M_{jII})_{max}$，如图 5-18 所示。

求解步骤具体如下。

① 取定基准面。

② 对基准面求各缸力矩，可得 $(P_{jII}^1)_{max}$ 对基准面的力矩为

$$(M_{jII}^1)_{max} = (P_{jII}^1)_{max} a = \frac{\lambda}{4} m_j R(2\omega)^2 a = \lambda m_j R \omega^2 a$$

$$(M_{jII}^2)_{max} = 0$$

$$(M_{jII}^3)_{max} = \lambda m_j R \omega^2 a$$

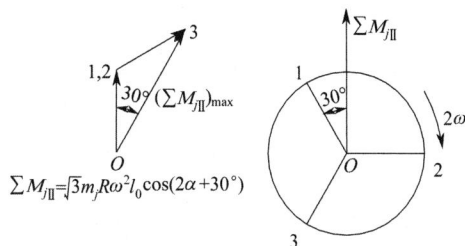

$$\sum M_{jII} = \sqrt{3} m_j R \omega^2 l_0 \cos(2\alpha + 30°)$$

图 5-18　二次往复惯性
力矩的平衡分析

③ 在曲柄端面图上，作矢量多边形，求合力矩 $\sum (M_{jII})_{max} = \sqrt{3} \lambda m_j R \omega^2 a$，需要注意这个矢量以 2ω 的角速度回转。

如图 5-18 所示，合力矩在第一曲柄前 $30°$，当二次曲柄图中的第一曲柄转至上止点前

$30°$ 时，二次合力矩转至上止点达到最大值 $\sum(M_{j\mathrm{II}})_{\max}$。因二次曲柄角速度是 2ω，故第一曲柄在曲柄图中位于上止点前 $15°$。

在其他曲柄转角时，合力矩的数值是其在垂直方向的投影，当第一曲柄转过 α 时，$\sum M_{j\mathrm{II}}=\sum(M_{j\mathrm{II}})_{\max}\cos(2\alpha+30°)$。

为加深对上述平衡分析的理解，下面选择了两种类型内燃机的平衡性算例。

【例3】 二冲程八缸机，发火顺序为 1—6—4—7—2—5—3—8。

解： 由发火顺序得曲柄示意、曲柄端面图、二次曲柄图及参数多边形如图 5-19 所示。

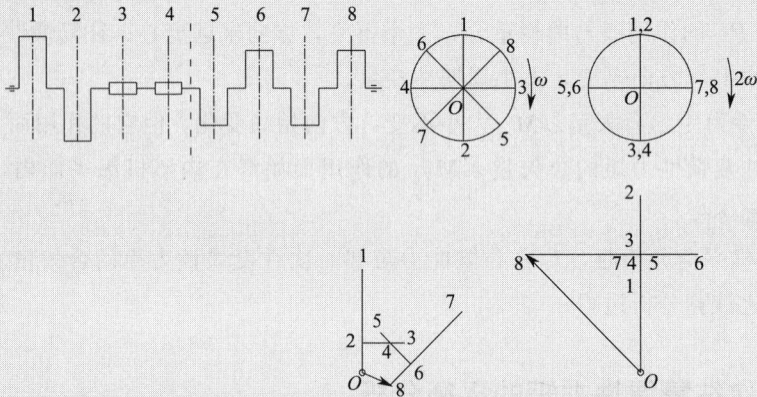

图 5-19　二冲程八缸内燃机曲柄

① 二冲程八缸机曲柄对称分布、发火均匀，所以离心力、一次往复惯性力和二次往复惯性力均自身平衡。

② 一次往复惯性力矩 $\sum(M_{j\mathrm{I}})_{\max}$。

$$l_{O8}=\sqrt{\left(\frac{m_{j}R\omega^{2}a}{\cos45°}-m_{j}R\omega^{2}a\right)^{2}+\left(m_{j}R\omega^{2}a\right)^{2}}=1.08239m_{j}R\omega^{2}a$$

同样地，$\alpha=\arctan\left[\dfrac{1}{(\cos45°)^{-1}-1}\right]=67.5°$，即

$$\sum(M_{j\mathrm{I}})_{\max}=1.08239m_{j}R\omega^{2}a$$

同理，一次离心惯性力矩 $\sum M_{r}=1.08239m_{r}R\omega^{2}a$

如图 5-19 所示，得到二次往复惯性力矩最大值为

$$\sum(M_{j\mathrm{II}})_{\max}=4\sqrt{2}\,m_{j}R\omega^{2}\lambda a$$

【例4】 四冲程六缸机，发火顺序为 1—5—3—6—2—4，气缸基准面位于 3、4 缸之间。

解： 曲柄示意、曲柄端面图及二次曲柄图如图 5-20(a)(b)(c) 所示，显然三个惯性力平衡，合力为零。取 3、4 气缸中心线中点为基准面。

$\sum M_{r}$ 和 $\sum(M_{j\mathrm{I}})_{\max}$ 多边形如图 5-20(d) 所示，两者均为零。$\sum(M_{j\mathrm{II}})_{\max}$ 的多边形如图 5-20(e) 所示，显然也为零。因此，对发火顺序为 1—5—3—6—2—4 的四冲程六缸机进行平衡计算，该机型是完全平衡的。将这样的三种力、三种力矩都平衡的曲柄布置称为

镜面对称，此类机型的平衡性较好，设计过程中可参考此类曲柄形式。

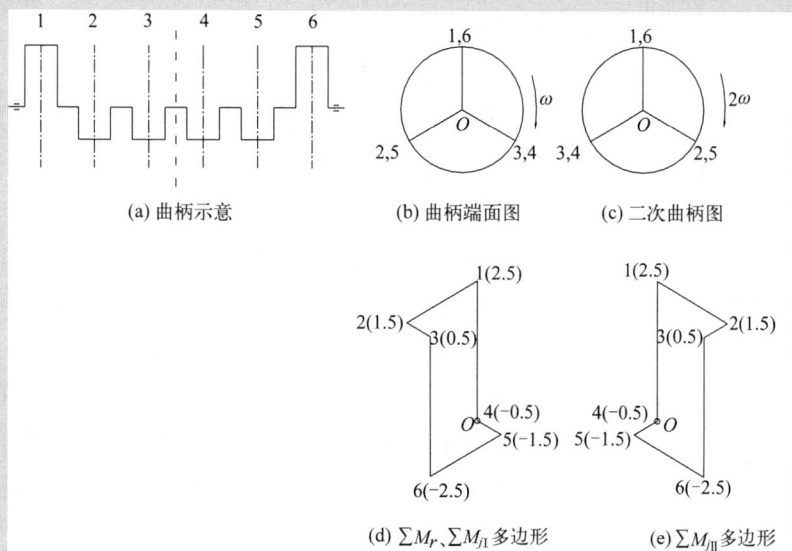

图 5-20 四冲程六缸内燃机曲柄

5.5 内燃机的内部平衡

5.3 和 5.4 节分析了离心惯性力、往复惯性力及其力矩的平衡问题，分析过程中涉及的模型简化为刚体，没有涉及曲轴、机体等零件的弹性变形。在刚体条件下开展基于惯性力及力矩的平衡分析，是所谓的外部平衡问题。实际上，内燃机曲轴不是绝对刚体，受到上述周期力及力矩作用时必然产生一定的周期弹性变形，曲轴的变形把所受的弯曲力矩传给机体，当这种变形受到机体的限制时，机体就会受到上述激励作用，进而产生振动。有关这方面的研究就是内燃机的内部平衡问题。

显然，所谓外部平衡，实际上属于理论力学的范畴，而内部平衡问题属于材料力学的范畴。内部平衡问题涉及机体与曲轴的相互作用力，因此可基于两种参考对象进行分析：第一，将分析对象着眼于曲轴上，用曲轴弯矩图作为内部平衡性比较的依据；第二，将分析对象着眼于机体上，用机体所受的弯矩图作为比较的依据。

内燃机内部平衡的程度是以当它达到外部平衡后（常指离心力、一次往复惯性力及其合力矩），曲轴或机体所受的最大弯曲力矩来衡量的。应该指出的是，曲柄排列不同，曲轴或机体上所受的弯矩情况也将不同，在多种可行方案的比对分析中，曲柄排列形式对应的作用力矩最小的机型，其内部平衡性能最好。

在考虑曲轴和机体弹性的基础上进行内部平衡特性的分析是非常困难的，随着现代计算技术的发展，有限元等方法可以用于此类问题求解，但显然由于机体的复杂性，第一种方式相对更易求解。基于质点力系法的计算应作如下假设。

① 假定只有前后两个轴承，即第一主轴承和最后一挡主轴承。

② 认为曲轴为一根直梁，作用力都为集中力，并通过各缸中心线。

③ 轴承上的支反力分别通过第一缸和最后一缸中心线，结合假设①，使曲轴简化成为静定简支梁。

有了以上假定，计算过程将大大简化。下面仍以四冲程三缸机为例，讨论离心惯性力矩引起的内部平衡问题。前面已分析过，该机的三个惯性力已自身平衡，离心惯性力产生的合成力矩 $\sum M_r = \sqrt{3} P_r l_0$，作用面与第一曲柄夹角为 $30°$（注意：力矩真实方向须逆时针旋转 $90°$），如图 5-21（b）所示。由假设①可知，该力矩将以力偶的形式作用在曲轴的第一主轴承和最后一挡主轴承上，由主轴承的支反力来平衡，该支反力是曲轴内力矩计算的重要输入。由假设②、③可知，计算内力矩时，支反力可以平移至 1、3 缸的中心线上，于是 $P_{\text{反}} \cdot 2l_0 = \sqrt{3} P_r l_0$，所以 $P_{\text{反}} = \dfrac{\sqrt{3}}{2} P_r$。支反力的作用方向如图 5-21（a）所示，支反力与第一曲柄夹角为 $30°$，形成的支反力矩 $\sum M_r'$ 与 $\sum M_r$ 平衡。

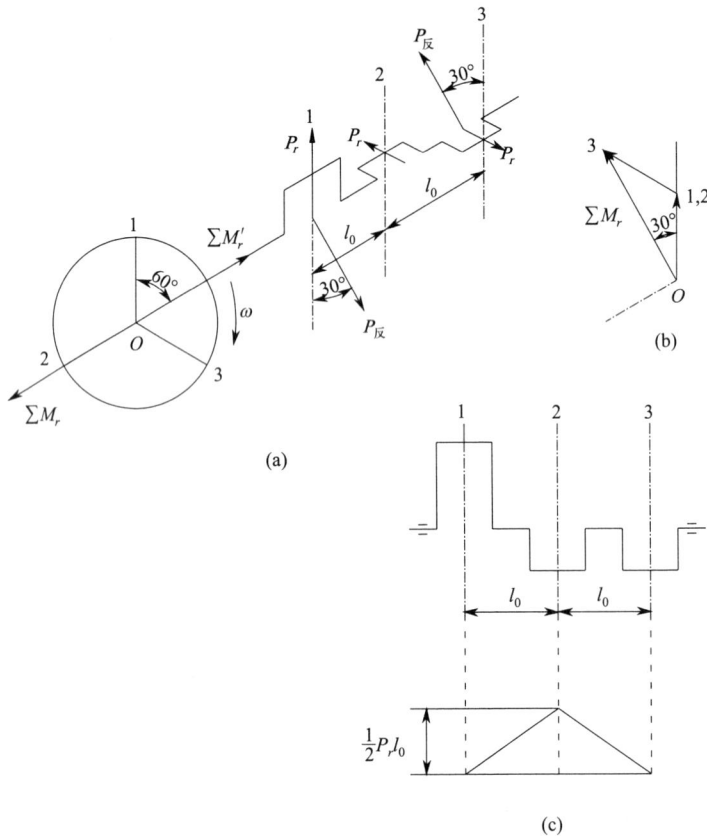

图 5-21　四冲程三缸内燃机离心内力矩

此时，曲轴上各缸离心力与轴承支反力一起构成了一个空间力系，对 1、3 缸气缸中心线的力进行合成，结果均等于 $\frac{1}{2}P_r$，并与第 2 缸离心惯性力作用在一个平面上，因此求合力时可以进行代数计算，无须进行弯曲力矩的空间矢量合成。

曲轴在各力的作用下平衡，其内力与外力大小相等、方向相反。为了求解曲轴的内力矩，可以考虑将曲轴分段，以各缸气缸中心线为基准，由左向右，依次求出各气缸中心线位置左侧（或右侧）的力对该气缸中心线产生的内力矩。可以用如下方式规定弯矩的符号：在基准面左侧，各力引起的弯矩为离心方向；在基准面右侧，各力引起的弯矩为向心方向。

依次选择第 1、2、3 气缸中心线为基准，求基准面左侧合力对基准面的力矩，作出曲轴所受弯曲力矩图。如以 1 缸中心线为基准时，一缸惯性力和支反力的力臂为零，因此内力矩为零。由左向右，取 2 缸中心线为基准时，一缸惯性力和支反力、二缸惯性力产生的合力矩为 $\frac{1}{2}P_r l_0$。同理，取 3 缸中心线为基准时，合力矩仍为零，此时内力矩如图 5-21（c）所示。

由此可以引出曲柄排列平衡系数（内部）的概念。本例中，平衡系数为

$$k_N = \frac{0.5 m_r R \omega^2 l_0}{m_r R \omega^2 l_0} = 0.5$$

某种作用力或力矩在曲轴上引起的最大弯矩与该作用力或力矩公因子之比值，即为相应的平衡系数。因此，各种力或力矩的平衡系数也就是它的表达式系数，与曲柄排列方式相关，可以快速得到外部、内部不平衡力矩值。

由材料力学可知，当作用力为空间力系时，可将其分解为水平和垂直方向的分力，分别求两个方向力产生的弯矩后再进行合成，即可找到最大弯曲力矩。

一次、二次往复惯性力的内部平衡分析与离心惯性力的分析过程类似（仍借助虚拟回转矢量），但一次、二次往复惯性力引起的弯矩难以通过平衡重的方法消除。因设计者往往关心的是最大弯曲力矩，故可用一次、二次往复惯性力的最大值来分析。

【例 5】对于已达到外部平衡的机型，即前、后两挡主轴承支反力为零的情况，分析其内力矩。分析对象为四冲程四缸机，发火顺序为 1—3—4—2。

首先依照冲程和发火顺序绘制曲柄端面图，如图 5-22（a）所示。

① 各曲柄分布均匀，且各曲柄对内燃机重心基准面对称，因此有

$$\sum P_r = 0, \sum M_r = 0$$
$$\sum P_{jⅠ} = 0, \sum M_{jⅠ} = 0$$

上式说明离心力和一次往复惯性力的合力及合力矩为零，第一主轴承和最后一挡主轴承所受支反力为零，此时的内力矩计算仅考虑各缸惯性力的作用。

② 求出通过各缸中心线横截面一边（左、右）所受的弯曲力矩，找出其最大值，即为实际曲轴所受内力矩。若取基准面左侧进行受力分析，则有在通过 1 缸中心线的横截面上，$P_r \cdot 0 = 0$；在通过 2 缸中心线的横截面上，所受内力矩为 $P_r l_0$；在通过 3 缸中心线的横截面上，$P_r \cdot 2l_0 - P_r l_0 = P_r l_0$；在通过 4 缸中心线的横截面上，$P_r \cdot 3l_0 - P_r \cdot 2l_0 - P_r l_0 = 0$。

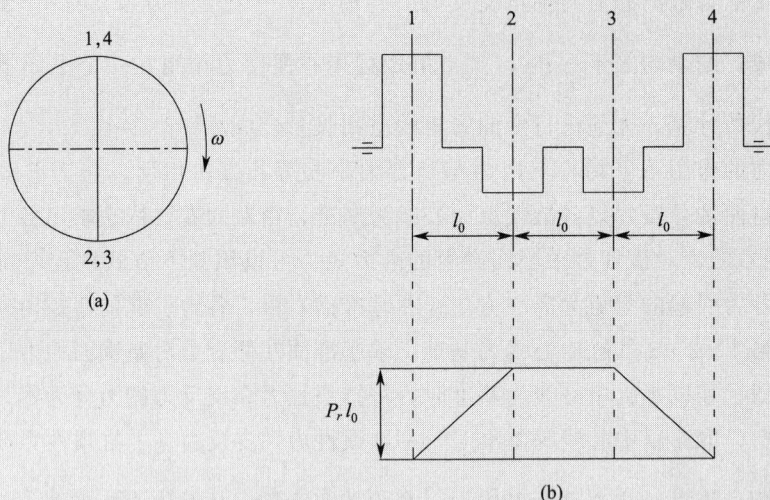

图 5-22　四冲程四缸内燃机离心内力矩

最大值为 $P_r l_0 = m_r R \omega^2 l_0$（离心惯性力引起的），出现在 2、3 缸中心线，弯矩图如图 5-22（b）所示。

同理，一次往复惯性力产生的最大内力矩为 $m_j R \omega^2 l_0$。

【例 6】对于发火顺序为 1—3—4—2 的二冲程四缸机，分析其离心惯性力矩产生的内力矩。

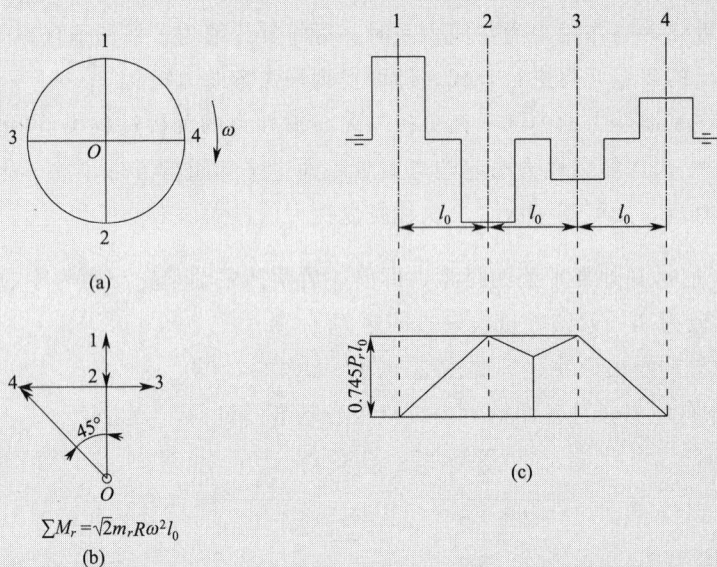

$$\sum M_r = \sqrt{2} m_r R \omega^2 l_0$$
(b)

图 5-23　二冲程四缸内燃机离心内力矩

首先基于曲柄端面图 [图 5-23（a）] 计算合成的离心惯性力矩，然后计算轴承支反力，再依次计算各缸内力矩，最后绘制弯矩图。

① 合成离心惯性力矩 $\sum M_r = \sqrt{2} P_r l_0 = \sqrt{2} m_r R \omega^2 l_0$，其方向如图 5-23（b）所示。须注意将其逆时针旋转 90° 得其真实方向，轴承支反力矩与离心惯性力矩平衡，大小相等、方向相反。

$$\sum M_r' = \sum M_r$$

$$P_r' \cdot 3l_0 = \sqrt{2}\, m_r R \omega^2 l_0$$

$$P_r' = \frac{\sqrt{2}}{3} P_r$$

② 第一缸和第四缸气缸中心线存在 2 个轴承支反力，数值均为 P_r'，这两个 P_r' 与四个气缸的离心惯性力 P_r 组成空间力系，可以分解为水平、垂直方向分别求解，也可以使用图解法求解。

1 缸内力矩：

$$\sum M_1 = 0$$

2 缸内力矩：

$$\sum M_2 = P_r \cdot l_0 + P_r' \cdot l_0$$

$$= P_r \cdot l_0 + \frac{\sqrt{2}}{3} P_r \cdot l_0 = \frac{\sqrt{5}}{3} P_r \cdot l_0 = 0.745 P_r l_0$$

3 缸内力矩：

$$\sum M_3 = P_r \cdot 2l_0 + P_r' \cdot 2l_0 + P_r \cdot l_0$$

$$= P_r \cdot l_0 + \frac{\sqrt{2}}{3} P_r \cdot l_0 = \frac{\sqrt{5}}{3} P_r \cdot l_0 = 0.745 P_r l_0$$

4 缸内力矩：

$$\sum M_4 = 0$$

对于多缸机，除了各缸的气缸中心线，通常还会考虑计算重心位置的内力矩，即

$$\sum M_g = P_r \cdot \frac{3}{2} l_0 + P_r' \cdot \frac{3}{2} l_0 + P_r \cdot \frac{1}{2} l_0 = \frac{\sqrt{3}}{2} P_r \cdot l_0 = 0.707 P_r l_0$$

按照计算的各缸内力矩，绘制力矩图，如图 5-23(c) 所示，即为该型内燃机离心惯性力在曲轴上引起的内力矩。

5.6 内燃机的平衡系数

前面提到了平衡系数的概念，分析表明，内燃机的平衡性能（包括外部平衡特性和内部平衡特性）基本取决于气缸数与曲柄的排列方式（发火顺序），这两者一旦确定，该型机的平衡性能已知。因此，可依照内燃机气缸数和发火顺序，直接查平衡系数表得到每一型机的平衡性能。

前文已经给出了平衡系数的概念，合成离心惯性力、一次往复惯性力、二次往复惯性力以及它们的力矩、内力矩都有一个公因子，分别为 $m_j R\omega^2$、$m_j R\omega^2$、$\lambda m_j R\omega^2$ 以及 $m_r R\omega^2 l_0$、$m_j R\omega^2 l_0$、$\lambda m_j R\omega^2 l_0$，平衡系数与公因子相结合即可得到该型机的平衡性能，直列式二冲程内燃机与直列式四冲程内燃机的平衡系数见表 5-1、表 5-2。

表中列出了各种机型的平衡特性系数，以备设计选型时参考和比较。表中各符号所代表的意义如下：

$(k_j)_{\mathrm{I}}$——一次性质的惯性力(离心惯性力或一次往复惯性力) 系数；

$(k_j)_{\mathrm{II}}$——二次性质的惯性力(二次往复惯性力) 系数；

$(k_M)_{\mathrm{I}}$——一次性质的惯性力矩(离心惯性力矩或一次往复惯性力矩) 系数；

$(k_M)_{\mathrm{II}}$——二次性质的惯性力矩(二次往复惯性力矩) 系数；

$(k_N)_{\mathrm{I}}$——一次内力矩系数；

$(k_N)_{\mathrm{II}}$——二次内力矩系数。

表中所列的角度值是指第一曲柄处于上止点位置时，不平衡力和力矩矢量由上止点顺时针转过的角度。

表 5-1　直列式二冲程内燃机平衡系数

序号	缸数	一次曲柄图	二次曲柄图	惯性力		惯性力矩		内力矩	
				一次 $(k_j)_{\mathrm{I}}$	二次 $(k_j)_{\mathrm{II}}$	一次 $(k_M)_{\mathrm{I}}$	二次 $(k_M)_{\mathrm{II}}$	一次 $(k_N)_{\mathrm{I}}$	二次 $(k_N)_{\mathrm{II}}$
1	1			1	1	0	0	0	0
2	2			0	2	1 0°	0	0	0
3	3			0	0	1.732 330°	1.732 30°	0.5	0.5
4	4			0	0	1.414 45°	4 0°	0.745	0.333
5	4			0	0	3.162 341.6°	0	0.333	1

序号	缸数	一次曲柄图	二次曲柄图	惯性力		惯性力矩		内力矩	
				一次 $(k_j)_{\mathrm{I}}$	二次 $(k_j)_{\mathrm{II}}$	一次 $(k_M)_{\mathrm{I}}$	二次 $(k_M)_{\mathrm{II}}$	一次 $(k_N)_{\mathrm{I}}$	二次 $(k_N)_{\mathrm{II}}$
6	4	一次曲柄图(1,2,3,4)	二次曲柄图(1,3;2,4)	0	0	2.828 315°	2 0°	0.745	0.333
7	5	一次曲柄图(1,5,4,2,3)	二次曲柄图(1,3,2,5,4)	0	0	0.449 54°	4.98 18°	1.309	0.426
8	5	一次曲柄图(1,2,3,4,5)	二次曲柄图(1,5,4,2,3)	0	0	4.98 342°	0.449 54°	0.426	1.31
9	5	一次曲柄图(1,4,3,2,5)	二次曲柄图(1,5,2,4,3)	0	0	2.63 342°	4.25 54°	0.426	1.31
10	6	一次曲柄图(1,6,5,2,3,4)	二次曲柄图(1,4;2,5;3,6)	0	0	0	3.464 30°	1.732	0.529
11	6	一次曲柄图(1,4,5,2,3,6)	二次曲柄图(1,6;2,5;3,4)	0	0	3.464 30°	0	0.529	1.732
12	6	一次曲柄图(1,4,6,5,3,2)	二次曲柄图(1,2;3,4;5,6)	0	0	0	6.928 330°	1	1.51
13	6	一次曲柄图(1,3,6,5,4,2)	二次曲柄图(1,2;3,4;5,6)	0	0	2 300°	6.928 330°	0.9165	1.51

| 序号 | 缸数 | 一次曲柄图 | 二次曲柄图 | 惯性力 | | 惯性力矩 | | 内力矩 | |
				一次 $(k_j)_\mathrm{I}$	二次 $(k_j)_\mathrm{II}$	一次 $(k_M)_\mathrm{I}$	二次 $(k_M)_\mathrm{II}$	一次 $(k_N)_\mathrm{I}$	二次 $(k_N)_\mathrm{II}$
14	6	(1,6 / 2,5 3,4)	(1,6 / 3,4 2,5)	0	0	0	0	1.732	1.732
15	6	(1,6,5,2,3,4; 30°)	(1,4,3,6,5,2)	0	0	0.8966 255°	1.732 330°	1.675	1.51
16	7	(6,1,4,5,7,3,2)	(5,1,3,6,4,7,2)	0	0	0.0759 141.8°	9.148 12.86°	0.524	1.846
17	7	(7,1,6,2,3,5,4)	(4,1,5,7,6,3,2)	0	0	0.267	1.005 38.5°	2.524	0.875
18	7	(7,1,5,4,3,2,6)	(6,1,2,7,5,3,4)	0	0	0.851 70.5°	5.52 57.2°	1.225	2.2
19	8	(6,1,7,5,4,2,8,3)	(1,8 / 3,6 2,7 / 4,5)	0	0	1.405 342.9°	0	1.083	3.162
20	8	(8,1,6,5,3,7,4,2)	(1,7 / 2,8 4,6 / 3,5)	0	0	0.8967 67.5°	0	1.44	2.828
21	8	(8,1,7,2,4,5,6,3)	(1,3 / 6,8 5,7 / 2,4)	0	0	2.165 247.5°	2.828 45°	2.617	1.428

序号	缸数	一次曲柄图	二次曲柄图	惯性力		惯性力矩		内力矩	
				一次 $(k_j)_I$	二次 $(k_j)_{II}$	一次 $(k_M)_I$	二次 $(k_M)_{II}$	一次 $(k_N)_I$	二次 $(k_N)_{II}$
22	8			0	0	2.165 22.5°	2.828 315°	2.617	1.428
23	8			0	0	1.082 112.5°	5.657 315°	1.309	2.857
24	8			0	0	0.448 67.5°	0	3.154	1
25	8			0	0	2.42 274.1°	0	2.927	1
26	8			0	0	2.762 60.9°	0	0.909	3.162
27	8			0	0	2.613 67.5°	5.656 45°	0.993	2.857
28	8			0	0	1.67 56.25°	0	3.052	1
29	8			0	0	0	0	1.414	4

序号	缸数	一次曲柄图	二次曲柄图	惯性力		惯性力矩		内力矩	
				一次 $(k_j)_I$	二次 $(k_j)_{II}$	一次 $(k_M)_I$	二次 $(k_M)_{II}$	一次 $(k_N)_I$	二次 $(k_N)_{II}$
30	9			0	0	0.1936 70°	0.5477 50°	4.145	1.07
31	9			0	0	0.922 10°	1.13 290°	2.078	1.853
32	9			0	0	0.922 10°	1.13 290°	1.563	2.206
33	10			0	0	0	0.898 54°	4.98	1.309
34	10			0	0	0.0557 0°	1.625 90°	2.349	2.502
35	11			0	0	0.153 73.8°	0.382 57.3°	6.172	1.54
36	11			0	0	0	9.031 237.3°	2.754	3.274
37	12			0	0	0.277 75°	0	7.2098	1.732

序号	缸数	一次曲柄图	二次曲柄图	惯性力		惯性力矩		内力矩	
				一次 $(k_j)_\mathrm{I}$	二次 $(k_j)_\mathrm{II}$	一次 $(k_M)_\mathrm{I}$	二次 $(k_M)_\mathrm{II}$	一次 $(k_N)_\mathrm{I}$	二次 $(k_N)_\mathrm{II}$
38	12	1, 11, 9, 4, 2, 12 / 6, 8, 10, 3, 5, 7	1,7 / 5,11 / 3,9 / 4,10 / 2,8 / 6,12	0	0	0	0	2.45	1.732

表 5-2 直列式四冲程内燃机平衡系数

序号	缸数	一次曲柄图	二次曲柄图	惯性力		惯性力矩		内力矩	
				一次 $(k_j)_\mathrm{I}$	二次 $(k_j)_\mathrm{II}$	一次 $(k_M)_\mathrm{I}$	二次 $(k_M)_\mathrm{II}$	一次 $(k_N)_\mathrm{I}$	二次 $(k_N)_\mathrm{II}$
1	1	1	1	1	1	0	0	0	0
2	2	1 / 2	1,2	0	2	1 / 0°	0	0	0
3	3	1 / 2, 3	1 / 3, 2	0	0	1.732 / 330°	1.732 / 30°	0.5	0.5
4	4	1 / 3, 4 / 2	1,2 / 3,4	0	0	1.414 / 315°	4 / 0°	0.745	0.333
5	4	1,4 / 2,3	1,2,3,4	0	4	0	0	1	1
6	5	1 / 5, 4 / 2, 3	1 / 3, 2 / 5, 4	0	0	0.449 / 54°	4.98 / 18°	1.309	0.426
7	6	1,6 / 2,5 / 3,4	1,6 / 3,4 / 2,5	0	0	0	0	1.732	1.732

序号	缸数	一次曲柄图	二次曲柄图	惯性力		惯性力矩		内力矩	
				一次 $(k_j)_I$	二次 $(k_j)_{II}$	一次 $(k_M)_I$	二次 $(k_M)_{II}$	一次 $(k_N)_I$	二次 $(k_N)_{II}$
8	7	（一次曲柄图：1；7,6；2,3；5,4）	（二次曲柄图：1；4,5；7,6；3,2）	0	0	0.267 64.1°	1.005 38.5°	2.524	0.875
9	8	（一次曲柄图：1,8；4,5；3,6；2,7）	（二次曲柄图：1,2,7,8；3,4,5,6）	0	0	0	0	1.414	4
10	8	（一次曲柄图：1,8；3,6；2,7；4,5）	（二次曲柄图：1,4,5,8；2,3,6,7）	0	0	0	0	3.16	1
11	8	（一次曲柄图：1,8；4,5；2,7；3,6）	（二次曲柄图：1,3,6,8；2,4,5,7）	0	0	0	0	2.828	2
12	8	（一次曲柄图：1,4；5,8；6,7；2,3）	（二次曲柄图：1,2,3,4；5,6,7,8）	0	0	0	1.6 0°	1	1.57
13	9	（一次曲柄图：1；9,6；4,8；3,2；7,5）	（二次曲柄图：1；5,7；9,6；2,3；4,8）	0	0	0.922 210°	1.13 210°	2.078	1.853
14	9	（一次曲柄图：1；9,8；2,3；7,6；4,5）	（二次曲柄图：1；5,7；9,8；6,4；2,3）	0	0	0.1936 70°	0.5477 50°	4.145	1.07
15	10	（一次曲柄图：1,10；5,6；4,7；2,9；3,8）	（二次曲柄图：1,10；3,8；2,9；5,6；4,7）	0	0	0	0	1.328	4.98

序号	缸数	一次曲柄图	二次曲柄图	惯性力		惯性力矩		内力矩	
				一次 $(k_j)_I$	二次 $(k_j)_{II}$	一次 $(k_M)_I$	二次 $(k_M)_{II}$	一次 $(k_N)_I$	二次 $(k_N)_{II}$
16	12	1,12 6,7 3,10 4,9 5,8 2,11	1,2,11,12 5,6, 3,4, 7,8 9,10	0	0	0	0	2	6.928

5.7 直列式多缸内燃机的平衡方法

如前文所述，通常情况下多缸机的离心惯性力、一次往复惯性力和二次往复惯性力均可达到自身平衡，但对于多数机型，这三种惯性力的合力矩不为零，本节分别介绍针对三种力矩常采用的平衡方法。

（1）离心惯性力矩的平衡方法

① 各缸（曲柄）平衡法［图 5-24(a)］。即在每一曲柄上都正置一对平衡重（曲柄销的反向），直接平衡各缸的离心惯性力，从而显然有 $\sum M_r = 0$。单从平衡的角度看，这是一种最好的方法，并且其工艺性好；其缺点是平衡重多，使得内燃机质量增加，同时由于转动件的转动惯量增大，可能影响轴系的扭振性能。

② 分段平衡法［图 5-24(b)］。将曲轴分成两段或两段以上，分别对各段曲轴采取平衡措施，在每段的首尾加一对平衡重，这种方法使内燃机质量小一些，同时曲轴和机体的受力情况会比各缸平衡法好一些，部分地改善内平衡。

③ 整体平衡法［图 5-24(c)］。只在曲轴首尾两个曲柄上各加一对平衡重，使之产生与 $\sum M_r$ 大小相等、方向相反的力矩，且作用在一个平面上。这种方法的特点是曲轴附加质量小，但对内部平衡特性改变不大。

显然分段平衡法和整体平衡法这两种方法的平衡重一般不是正置装配的，其配置角度由 $\sum M_r$ 作用面确定。

④ 不规则平衡法［图 5-24(d)］。在曲轴的若干个曲柄上配置一定的平衡重，做到这些平衡重回转时产生的离心力相互抵消，它们的合力矩恰好抵消合成离心惯性力矩。

此法的优点是能改善曲轴及机体的受力状况，且布置上要方便些。内平衡性能较分段平衡法和整体平衡法为佳，可做到平衡重正置布置，可有多种方案。

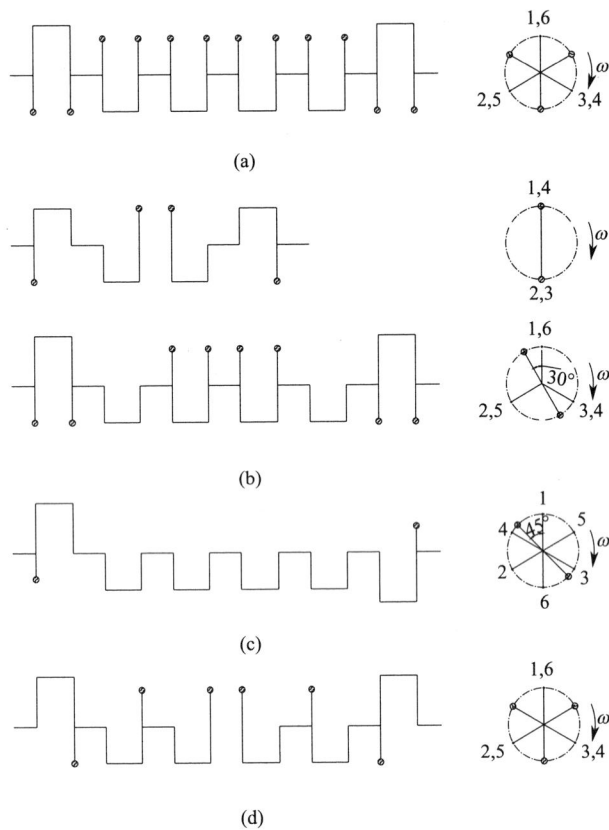

(a)

(b)

(c)

(d)

图 5-24　离心惯性力矩平衡方法

（2）一次及二次往复惯性力矩平衡法

由前文计算可知，二缸内燃机、四缸内燃机的二次往复惯性力可能不平衡，如四冲程四缸机，对此可采用 5.2.2 节介绍的单缸机往复惯性力平衡的方法，即正反转矢量平衡法来平衡，往复力矩的平衡同样可采用该法。

以四冲程三缸机为例，一次往复惯性力最大值的合力矩 $\sum M_{j1}$ 作用平面在第一曲柄前 30° 位置，如图 5-25 所示。

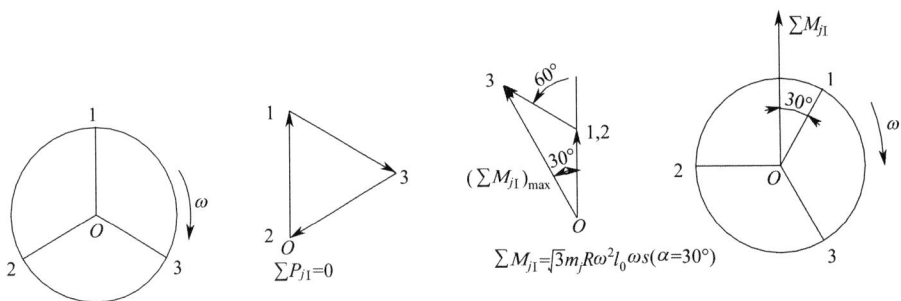

$$\sum P_{j1}=0$$

$$\sum M_{j1}=\sqrt{3}m_jR\omega^2 l_0\cos(\alpha=30°)$$

图 5-25　四冲程三缸机一次往复惯性力矩

平衡一次往复惯性力矩可用两个作用在通过各缸中心线平面内方向相反的力 P'_{j1} 实现，

两端分别设置一套正反转平衡轮系，如图 5-26 所示，产生平衡力矩 $M'_{j\,\mathrm{I}}=P'_{j\,\mathrm{I}}L$。

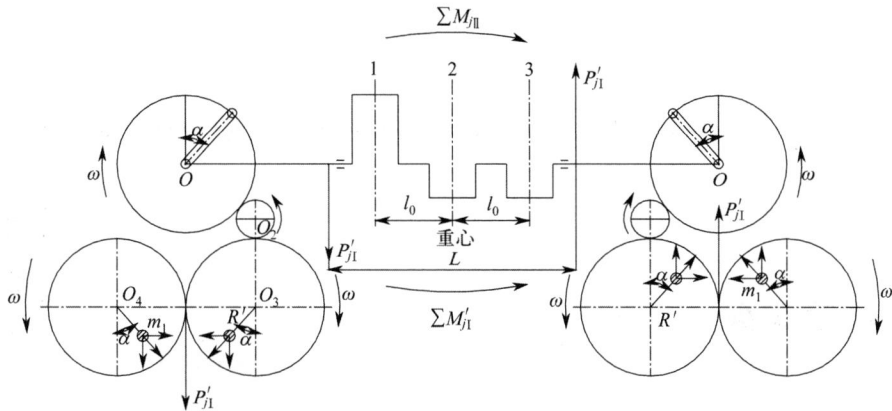

图 5-26　一次往复惯性力矩的平衡

同时，必须令 $M'_{j\,\mathrm{I}}$ 与 $M_{j\,\mathrm{I}}$ 的大小相等、方向相反。

$$M'_{j\,\mathrm{I}} = \sum M_{j\,\mathrm{I}}$$

$$2m_1R_1\omega^2\cos\alpha L = k_{m_1}m_jR\omega^2\cos\alpha l_0 \Rightarrow m_1R_1L = \frac{1}{2}k_{m_1}m_jRl_0$$

式中，$R_{m\,\mathrm{I}}$ 为一次往复惯性力矩的平衡系数。

也可将 $M_{j\,\mathrm{I}}$ 分解为正反转矢量，则二矢量的合矢量为 $M_{j\,\mathrm{I}}$。

$$正转矢量 = 反转矢量 = \frac{1}{2}\left(\sum M_{j\mathrm{I}}\right)_{\max}$$

二矢量可以假设为在曲轴两端配制的平衡重，利用

$$M_{\mathrm{I}}^{+} = M_{\mathrm{I}}^{-} = \frac{1}{2}\left(\sum M_{j\mathrm{I}}\right)_{\max}$$

$$M_{\mathrm{I}}^{+} = M_{\mathrm{I}}^{-} = m_1^{+}R_1\omega^2 l_1 = m_1^{-}R_1\omega^2 l_1 = \frac{1}{2}k_{m_1}m_jR\omega^2 l_0 = \frac{\sqrt{3}}{2}m_jR\omega^2 l_0$$

式中，$m_1^{+}=m_1^{-}$ 为平衡重块的质量；R_1 为平衡重块重心到回转重心的距离；l_1 为平衡重块到基准面之间的距离。可以验证在 α 为任意角度时，上述的平衡方程均是正确的。这样就可以通过分别平衡正转矢量和反转矢量来达到平衡 $M_{j\,\mathrm{I}}$ 的目的。

利用正反转平衡轮系平衡二次往复惯性力矩，同理有

$$m_2R_2L = \frac{1}{8}k_{m\,\mathrm{II}}\lambda m_jRl_0$$

二次往复惯性力矩的平衡也可在二次曲柄图上进行。正转矢量沿着 $\left(\sum M_{j\,\mathrm{II}}\right)_{\max}$ 的方向，反转矢量在它的对称位置（相对于气缸中心线），则正反转矢量之和为 $\sum M_{j\,\mathrm{II}}$。配置平衡重后的平衡方程为

$$M_{\mathrm{II}}^{+} = M_{\mathrm{II}}^{-} = \frac{1}{2}\left(\sum M_{j\,\mathrm{II}}\right)_{\max}$$

即

$$m_2^+ R_2 (2\omega)^2 l_2 = m_2^- R_2 (2\omega)^2 l_2 = \frac{\sqrt{3}}{2} \lambda m_j R \omega^2 l_0$$

$$m_2^+ R_2 = m_2^- R_2 = \frac{\sqrt{3}}{8} \times \frac{\lambda m_j R l_0}{l_2}$$

式中，$m_2^+ = m_2^-$ 为平衡重块的质量；R_2 为平衡重块重心到回转重心的距离；l_2 为平衡重块到基准面之间的距离。

5.8 本章习题

习题答案详解

① 内燃机外部平衡和内部平衡有何区别？

② 在内燃机外部平衡计算中，需要考虑哪几类激励的作用。

③ 平衡一次往复惯性力有哪些方法？分别有什么特点？

④ 对于单缸机，平衡重怎样平衡一次往复惯性力？能平衡二次往复惯性力吗？

⑤ 简述单列多缸内燃机平衡计算的方法及其特点。

⑥ 四冲程四缸机的二次往复惯性力可以自行平衡吗？为什么？

⑦ 绘出下列机型的二次曲柄端图。

    a. 二冲程八缸，发火顺序为 1—8—2—5—3—6—4—7。

    b. 二冲程六缸，发火顺序为 1—3—5—2—4—6。

    c. 四冲程五缸，发火顺序为 1—2—4—5—3。

⑧ 针对多缸机产生的离心惯性合力矩，有哪些平衡方法？

⑨ 基于图解法，计算四冲程六缸直列内燃机（发火顺序为 1—6—2—4—3—5）的平衡特性。

第6章

内燃机其他运动机构动力学

6.1 配气机构

6.1.1 配气机构简介

配气机构有不同的布置形式，不同的布置形式可能会引起其动力学特性的变化。按气阀的布置位置，配气机构可分为顶置式气阀配气机构和侧置式气阀配气机构；按凸轮轴的布置位置，可分为下置式凸轮轴配气机构、中置式凸轮轴配气机构和上置式凸轮轴配气机构；按曲轴和凸轮轴的传动方式，可分为齿轮传动式配气机构、链条传动式配气机构和齿带传动式配气机构；按单缸气阀数目，可分为二气阀式配气机构和四气阀式配气机构等。

配气机构中包含的部件可以按其功能分为气阀组和气阀传动组两大部分。气阀组包括气阀及与之相关联的部件，其组成与配气机构的布置形式无关；气阀传动组是从正时齿轮开始至推动气阀动作的所有传动部件，其组成依照配气机构的形式而有较大不同，它的功能是定时驱动气阀使其开闭。

一台内燃机的经济性是否优越，工作是否可靠，振动和噪声能否控制在较低的限度，常常与其配气机构的设计是否合理有密切关系。配气机构动力学特性，直接关系到功率、油耗、整机振动噪声及气阀和气阀座的使用寿命等重要问题，需要在设计阶段充分考虑并加以分析。配气机构动力学计算的目的是在考虑构件间相互运动，甚至考虑部件弹性变形的情况下，计算气阀及其传动构件的真实运动和相互受力情况。基于配气机构所属各构件的力平衡关系，计入机构中的阻尼、间隙、脱离、落座等因素，建立气阀运动的微分方程，求解方程进而得到气阀与部件的运动与受力。

自 20 世纪 50 年代以来，内燃机行业的学者在弹性动力学基础上建立了一系列配气机构动力学模型，将配气机构简化为多个质量、弹簧构成的动力学模型，进行动力学求解。依照质量弹簧系统的自由度数，模型可以分为单自由度模型和多自由度模型。单自由度模型结构简单，唯一的当量质量集中了配气机构所有零部件质量，待定参数少，参数可以通过试验测定，但是仅能反映气阀运动规律。多自由度模型将配气机构的主要组成部分简化为质量，并根据各部件的连接方式定义其接触刚度，可以计算出各部件的运动规律及其相互作用力，结果较全面，其求解过程、边界条件与单自由度模型基本相同。本节仅围绕单自由度模型的建立与求解展开论述，力图使读者掌握配气机构动力学的基本过程与特性规律。

6.1.2　单自由度系统模型的建立

本小节以典型顶置式气阀配气机构为例，分析其单自由度系统模型的建立与求解过程。顶置式配气机构主要由凸轮、挺柱、推杆、摇臂、气阀和气阀弹簧组成，如图 6-1 所示。顶置式布置形式的主要优点是进气阻力小，燃烧室结构紧凑，气流扰动大，可以实现较高的压缩比。

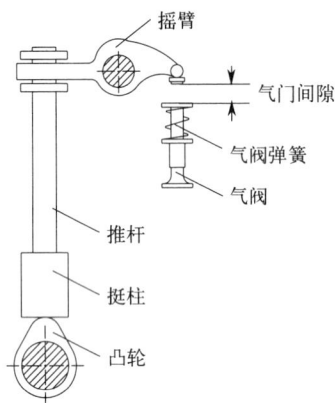

图 6-1　顶置式配气机构结构形式

采用集中参数法建立配气机构的动力学模型时，可以将其看作一组无质量的弹簧单元、阻尼单元和集中质量单元组成的系统。在简化过程中，可以把位于挺柱一侧的构件质量和刚度，按能量守恒原理转换到气阀同侧。配气机构的单自由度动力学模型，顾名思义是用一个等效集中质量 M_0 的运动来描述气阀的运动，这个等效集中质量包含了气阀质量以及配气机构其他运动部件换算到气阀处的等效质量，如图 6-2 所示。首先，M_0 通过刚度为 K_S 的气阀弹簧与气缸盖连接；其次，M_0 连接一个刚度为 K_0 的等效弹簧，此弹簧的上端则由当量凸轮升程曲线直接控制，其运动规律是已知的；最后，M_0 连接刚度为 K_{VS} 的弹簧，模拟气阀与气阀座的接触刚度。此外，图中 δ_{AV} 为摇臂与气阀的初始间隙，F_0 为气阀弹簧的预紧力。

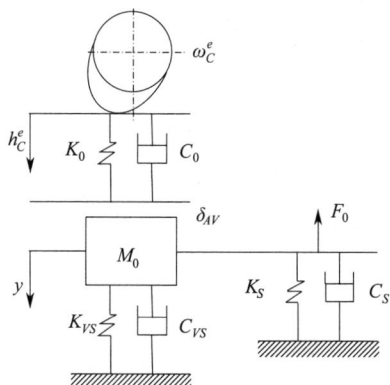

图 6-2 单自由度模型简化示意

当量凸轮升程曲线 h_C^e 决定了配气机构的动力学性能，大小为

$$h_C^e = i h_C \tag{6-1}$$

式中，h_C 为凸轮升程函数；i 为摇臂的传动比。

配气机构的等效刚度 K_0 可以采用试验方法测量得到，也可以采用有限元方法等数值方法等效计算得到。采用试验方法时，在摇臂的长臂施加一个已知载荷，并测取加载点的位移，从而根据载荷-位移的关系得到等效刚度 K_0 的大小。采用有限元法计算时，将摇臂、推杆和挺柱的有限元模型组装起来，利用接触单元定义不同零件的连接关系，再根据摇臂加载单位力获得载荷-位移的关系，进而得到等效刚度 K_0 的大小。气阀与气阀座的接触刚度 K_{VS} 也可以通过类似过程借助有限元方法计算得到。

等效集中质量 M_0 可以基于能量守恒计算其大小；也可以从结构模态分析的角度出发，选取对配气机构振动贡献最大的主振型进行等效计算。采用能量守恒法，首先将配气机构凸轮侧所有零件的质量集中到气阀侧，得到各零件的等效质量，再把所有等效质量和气阀侧零件质量相加，从而得到单自由度系统的集中质量 M_0 为

$$M_0 = M_j + M_{RZ} + \frac{M_P}{i^2} = M_V + M_{SR} + \frac{1}{3}M_S + M_{RZ} + \frac{M_P}{i^2} \tag{6-2}$$

式中，M_j 为气阀组质量；M_V 为气阀质量；M_{SR} 为气阀弹簧上座和锁片质量；M_S 为气阀弹簧质量；M_{RZ} 为摇臂当量质量；M_P 为推杆质量与挺柱质量之和。

摇臂的当量质量可以由其整体转动惯量进行当量计算，即

$$M_{RZ} = \frac{J_R}{l^2} \tag{6-3}$$

式中，J_R 为摇臂的整体转动惯量；l 为摇臂在气阀侧的长度。

阻尼系数 C_0 的确定方法比较复杂，对于内阻尼，一般采用的公式如下：

$$C_0 = 0.107\sqrt{(K_0 + K_S)M} \tag{6-4}$$

由于气阀弹簧阻尼系数 C_S 很小，可以取为临界阻尼的 $1\% \sim 2\%$。

气阀与气阀座的接触阻尼 C_{VS} 则通过试凑法来确定，标准是要保证气阀落座后，不会脱离气阀座。

6.1.3 单自由度系统的运动微分方程

我们的目的是求出气阀升程函数，也就是集中质量 M_0 的位移 $y(\alpha)$ 随凸轮转角 α 的变化情况。为此，首先要建立单自由度系统的运动微分方程并给出初始条件。

可定义作用于集中质量 M_0 上的外力总和为 F，则显然应有

$$F = M_0 \alpha = M_0 \omega^2 \frac{\mathrm{d}^2 y}{\mathrm{d}^2 \alpha} \tag{6-5}$$

式中，α 为凸轮转角；ω 为凸轮旋转角速度；M_0 为集中质量。

对单自由度系统模型进行受力分析可得

$$M_0 \omega^2 \frac{\mathrm{d}^2 y}{\mathrm{d}^2 \alpha} = K_0 \ (h_C^e - \delta_{AV} - y) + C_0 \omega \left[\frac{\mathrm{d} h_C^e}{\mathrm{d}\alpha} - \frac{\mathrm{d} y}{\mathrm{d}\alpha} \right] - K_S y - C_S \omega \frac{\mathrm{d} y}{\mathrm{d}\alpha}$$
$$- K_{VS} \ (y - \Delta) - C_{VS} \omega \frac{\mathrm{d} y}{\mathrm{d}\alpha} - F_0 \tag{6-6}$$

式中，δ_{AV} 为摇臂、推杆和挺柱组合模型的气阀间隙；Δ 为气阀与气阀座的初始接触变形量；F_0 为预紧力。

此方程为二阶常系数线性微分方程，它有无穷个解。为了得到确定的气阀升程函数 $y(\alpha)$，需要补充以下两个初始条件，即在对应于气阀刚刚打开的一瞬间 $\alpha = \alpha_0$，有

$$y(\alpha_0) = \dot{y}(\alpha_0) = 0 \tag{6-7}$$

结合式 (6-6)、式 (6-7)，可以使用数值计算方法进行求解。在使用欧拉法或龙格库塔法等方法进行数值求解前，需要引入新的变量 r 将二阶微分方程转化为一阶微分方程组，有

$$\begin{cases} \dfrac{\mathrm{d} y}{\mathrm{d}\alpha} = r \\[2mm] \dfrac{\mathrm{d} y}{\mathrm{d}\alpha} = \dfrac{1}{M_0 \omega^2} \left[K_0 \ (h_C^e - \delta_{AV} - y) + C_0 \omega \ (\dot{h}_C^e - \dot{y}) - K_S y - C_S \omega \dot{y} \right. \\[2mm] \left. \qquad\qquad - K_{VS} \ (y - \Delta) - C_{VS} \omega \dot{y} - F_0 \right] \end{cases} \tag{6-8}$$

已知量是凸轮转角所对应的凸轮升程，由此可求得凸轮转角所对应当量凸轮升程、速度和加速度。在数值计算的过程中，须判断以下边界条件。

① 在凸轮从零点开始旋转时，由于存在气阀间隙，当量凸轮不会与气阀立即接触，需要将气阀间隙的行程运行完，当量凸轮才会与气阀接触，接触点为 $h_C^e = \delta_{AV}$ 时，气阀开始受力。

② 由于气阀弹簧有一定的预紧力，使气阀紧紧地贴在气阀座上，并产生弹性形变，所以气阀一开始受力并不会立即离座，必须等到气阀的力足以克服预紧力 F_0 时，气阀才会离座。

$$F_0 = K_0 \ (h_C^e - \delta_{AV}) + C_0 \omega \frac{\mathrm{d} y}{\mathrm{d}\alpha} \tag{6-9}$$

在这之后，气阀彻底脱离气阀座，气阀座的刚度和阻尼不再起作用，故此时须设定 $K_{VS} = 0$，$C_{VS} = 0$。

③ 判断气阀落座角度。由气阀落座到当量凸轮与气阀脱离接触，这一阶段持续时间较短，通常为 $2° \sim 4°$ 轮轴转角，期间主要特征是气阀冲击气阀座。由于配气机构传动链只能受压而不能受拉，在气阀与气阀座接触后，挺柱、推杆、摇臂等部分的惯性对于气阀座的冲击不会起到贡献，因此，集中质量不应包括以上这些部分的当量质量，仅包括气阀组的质量 M_j，此时只须令 $M_0 = M_j$。此时当量凸轮与气阀尚处于接触状态，因此，运动微分方程形式保持不变。

④ 判断凸轮与气阀脱离角度。当量凸轮与气阀脱离到之后这一阶段，与前面阶段相同的是 $M_0 = M_j$，此外还须设定 $K_0 = 0$，$C_0 = 0$。

求解单自由度模型运动微分方程的数值计算程序流程如图 6-3 所示。

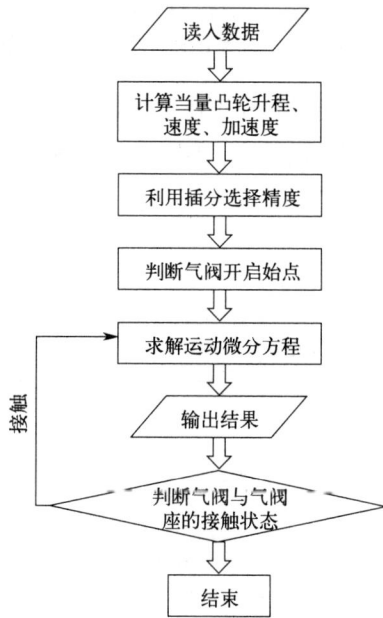

图 6-3　单自由度模型程序框图

根据初始条件求解微分方程组即式（6-6）后，可以得到集中质量 M_0 的位移和速度，进一步计算可以得到气阀加速度为

$$\alpha = \frac{1}{M_0 \omega^2} \big[K_0 (h_C^e - \delta_{AV} - y) + C_0 \omega (\dot{h}_C^e - \dot{y}) - K_S y - C_S \omega \dot{y}$$
$$- K_{VS}(y - \Delta) - C_{VS} \omega \dot{y} - F_0 \big] \tag{6-10}$$

气阀落座冲击力为

$$F' = K_{VS} \left(\frac{F}{K_{VS}} - y \right) - C_{VS} \omega \frac{\mathrm{d}y}{\mathrm{d}\alpha} \tag{6-11}$$

6.1.4　计算结果与分析

本小节给出了某 4102 内燃机的单质量配气机构动力学计算结果，凸轮转速 $700\mathrm{r/min}$ 下配气机构气阀升程、速度和加速度曲线如图 6-4～图 6-6 所示。

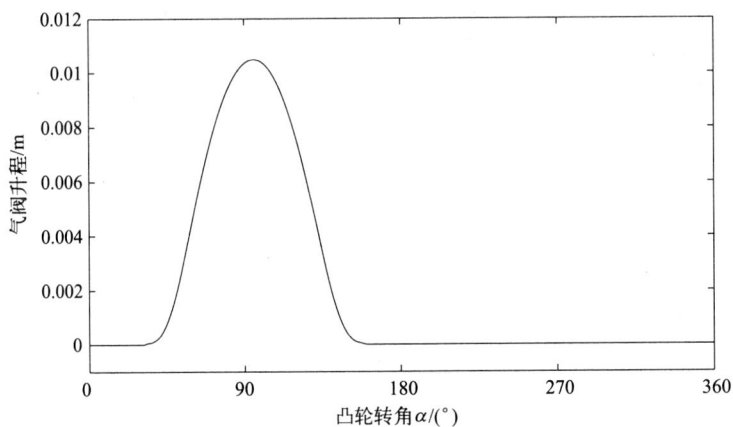

图 6-4 单自由度模型凸轮转角-气阀升程曲线

由图 6-4 可知，气阀开启后，气阀升程迅速增加，之后增速降低，直至气阀到达最大升程位置，随后气阀下行落座，直到气阀完全关闭，气阀升程曲线归零。

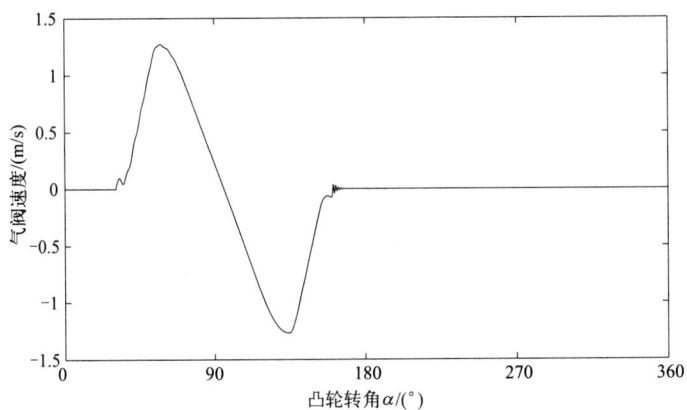

图 6-5 单自由度模型凸轮转角-气阀速度曲线

由图 6-5 可知，在气阀开启瞬间，气阀速度稍有波动，由零开始急剧增大直至正向最大值，随后迅速减小至负向速度最大值。在气阀速度由正到负发生换向时，气阀到达最大升程位置。

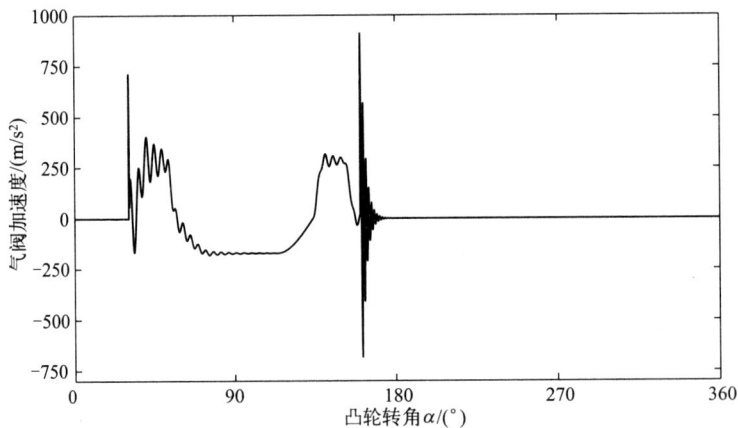

图 6-6 单自由度模型凸轮转角-气阀加速度曲线

由图 6-6 可知，在气阀开启瞬间，气阀的加速度值急剧增加，之后在系统内阻尼的作用下，气阀加速度值波动逐渐稳定。当气阀加速度发生突变时，气阀速度达到正向最大值。随后，气阀加速度逐渐平缓，此时气阀升程达到最大值。当气阀落座时，由于气阀冲击力和气阀座弹性变形量的影响，气阀加速度出现了冲击带来的峰值，此时气阀的加速度产生极大值，气阀落座后要经过衰减过程才能稳定下来，振动能量逐渐被气阀弹簧阻尼和气阀座阻尼消耗。

气阀落座冲击力如图 6-7 所示。在气阀开启前，气阀与气阀座接触力体现为弹簧预紧力；在气阀与气阀座脱离时，作用力变为零；在气阀落座时，气阀对气阀座产生冲击力，直接作用到气阀座上，进而传递给缸盖，该激励力作用于气阀座上，并传递给缸盖、机体，将产生严重的振动和噪声。

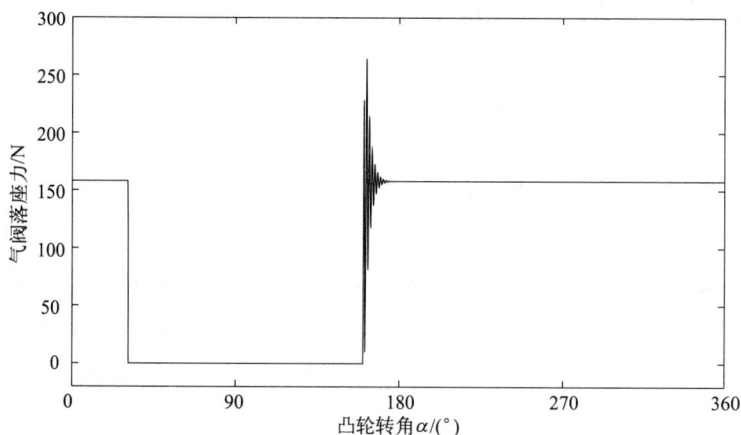

图 6-7 单自由度模型凸轮转角-气阀落座力曲线

6.2 齿轮传动系统

6.2.1 齿轮系统简介

齿轮系统分为传动部件和支撑部件。传动部件指由齿轮副、传动轴等组成的用于传递运动和动力的结构件。支撑部件是指支撑和保持传动系统正常工作的支座和箱体等。齿轮系统动力学是研究齿轮系统在传递力和运动过程中各部件动力学行为的一门科学。齿轮系统中的运动和力是通过共轭齿面间连续的相互作用面传递的，因此，齿轮副啮合传动问题是齿轮系统动力学的核心问题之一。

齿轮系统的动态激励分为内部激励和外部激励。外部激励主要是内燃机的主动力矩和负载阻力矩。内部激励是齿轮副啮合过程中在系统内部产生的激励，包括刚度激励、误差激励和啮合冲击激励。

目前，齿轮系统动力学分析方法主要有传递矩阵法、集中参数法和有限元法，上述方法对齿轮传动系统所建立的模型均是离散化的单自由度或多自由度模型。由齿轮系统运动特点所决定，齿轮副的扭转振动模型是其动力学模型的最基本形式。假设轴承的支承是刚性的，且忽略齿轮的横向振动位移，此时若选取一对齿轮副为分析对象，模型的广义自由度即为齿轮副的扭转振动，可用于研究齿轮副的动态啮合问题。齿轮传动系统动力学模型以齿轮作为建模对象，模型中包含了齿轮副、支承轴承、传动轴、内燃机和负载的惯性，可以分析轮齿的啮合动载荷，确定系统中所有零件的动态特性和相互作用。

齿轮动力学模型建立以后，其求解方法主要有解析法和数值法两类，本节分别介绍齿轮副扭转振动分析模型和齿轮-转子系统扭转振动分析模型。

6.2.2 齿轮副扭转振动分析模型

在不考虑传动轴、支承轴承和箱体等的弹性变形时，圆柱齿轮系统可以简化成齿轮副扭转振动分析模型。典型的一对齿轮副扭转振动分析模型如图 6-8 所示。采用集中质量法将模型简化成单自由度系统，建模时将啮合线上的相对位移作为广义自由度。建模时采用以下假设。

① 齿轮系统的传动轴和轴承的刚度足够大，即齿轮的横向振动相对于扭转振动可以忽略不计，进而可以认为两齿轮的中心是固定的，其运动只有扭转运动而没有横向的运动。

② 不考虑运动时由支承轴承所产生的摩擦的影响。

③ 啮合的两齿轮均为渐开线直齿圆柱齿轮，齿轮之间的啮合力始终作用在啮合线方向上，两齿轮简化为由阻尼和弹簧相连接的圆柱体，阻尼系数为两齿轮啮合时的啮合阻尼系数，弹簧的刚度系数为啮合齿轮的啮合刚度。

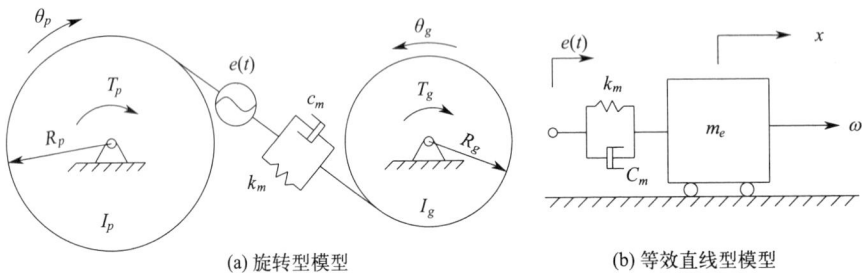

(a) 旋转型模型   (b) 等效直线型模型

图 6-8 齿轮副扭转振动分析模型

设齿轮副的重合度在 1~2 之间，则由图 6-8（a）可以得到

$$
\begin{cases}
I_p \ddot{\theta}_p + R_p c_m (R_p \dot{\theta}_p - R_g \dot{\theta}_g) - R_p c_1 \dot{e}_1 - R_p c_2 \dot{e}_2 + R_p k_m (R_p \theta_p - R_g \theta_g) \\
\qquad - R_p k_1 e_1 - R_p k_2 e_2 = T_p \\
I_g \ddot{\theta}_g + R_g c_m (R_g \dot{\theta}_g - R_p \dot{\theta}_p) + R_g c_1 \dot{e}_1 + R_g c_2 \dot{e}_2 + R_g k_m (R_g \theta_g - R_p \theta_p) \\
\qquad + R_g k_1 e_1 + R_g k_2 e_2 = -T_g
\end{cases}
\tag{6-12}
$$

式中，$\theta_i(i=p,\ g)$、$\dot{\theta}_i(i=p,\ g)$、$\ddot{\theta}_i(i=p,\ g)$ 分别为主、被动齿轮的扭转振动位移、速度和加速度；$I_i(i=p,\ g)$ 为主、被动齿轮的转动惯量；$R_i(i=p,\ g)$ 为主、被动齿轮的基圆半径；$k_i(i=1,\ 2)$ 为第 i 对轮齿的综合刚度；$c_i(i=1,\ 2)$ 为第 i 对轮齿的阻尼系数；k_m 为齿轮副的啮合综合刚度；c_m 为齿轮副的啮合阻尼；$e_i(i=1,\ 2)$ 为第 i 对轮齿的误差；$T_i\ (i=1,\ 2)$ 为作用在主、被动齿轮上的外载荷力矩。

下面以啮合线上两齿轮的相对位移作为广义自由度，将上述微分方程组转换为单自由度微分方程形式。由于齿轮副的啮合是沿啮合线进行的，为便于分析，需要将角位移形式的广义坐标转换为线位移形式的广义坐标。

定义啮合线上两齿轮的相对位移 x 为

$$x=R_p\theta_p-R_g\theta_g \tag{6-13}$$

从而式（6-12）可以表示为

$$m_e\ddot{x}+c_m\dot{x}+k_mx=W \tag{6-14}$$

式中，m_e 为等效质量；W 为等效载荷。

$$m_e=\frac{I_pI_g}{I_pR_g^2+I_gR_p^2}$$

$$W=W_0+c_1\dot{e}_1+c_2\dot{e}_2+k_1e_1+k_2e_2$$

$$W=W_0=\frac{T_p}{R_p}=\frac{T_g}{R_g}$$

图 6-8（b）为等效系统，略去式（6-13）的动态项（惯性力项和阻尼力项），则得到静态传递误差为

$$x_0=\frac{W_0}{k_m}+\frac{k_1e_1+k_2e_2}{k_m} \tag{6-15}$$

而轮齿间的动态啮合力则可以表示为

$$W_d=c_m\dot{x}-c_1\dot{e}_1-c_2\dot{e}_2+k_mx-k_1e_1-k_2e_2 \tag{6-16}$$

从而得到动态位移（动态传递误差）为

$$x=\frac{W_d}{k_m}+\frac{k_1e_1+k_2e_2}{k_m}-\frac{c_m\dot{x}}{k_m}+\frac{c_1\dot{e}_1+c_2\dot{e}_2}{k_m} \tag{6-17}$$

6.2.3 齿轮-转子系统扭转振动分析模型

在一对齿轮副基础上，若再考虑传动轴的扭转刚度和内燃机、负载的转动惯量等参数，则形成了齿轮-转子系统的扭转振动问题，其典型的动力学模型如图 6-9（a）所示。

在齿轮系统的分析中，若要考虑齿轮副支撑系统的支撑刚度，则分析中除了要考虑扭转振动外，还必须考虑其他的振动形式，如系统的横向振动、纵向振动等。在这种情况下，齿轮的互相啮合使得各种振动模式相互耦合，从而形成了齿轮传动动力学中独特的耦合振动。除此之外，由于传动轴的弹性变形，齿轮系统在力学上可以处理成一种具有啮合齿轮的齿轮-转子系统，由于齿轮轮齿的偏心误差，会产生离心力和附加惯性力，还会引起各振动模式

之间的静力耦合和动力耦合，且由于这种耦合是在转子旋转过程中产生的，因此一般称为转子耦合振动。

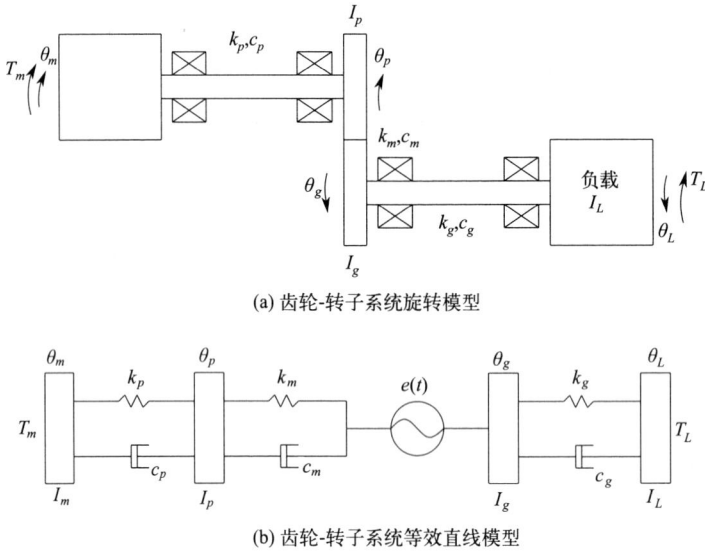

(a) 齿轮-转子系统旋转模型

(b) 齿轮-转子系统等效直线模型

图 6-9　齿轮-转子系统扭转振动分析模型

如图 6-9（a）所示的振动系统，不考虑传动轴的质量，将内燃机、主动齿轮、被动齿轮和负载分别处理成 4 个集中的转动惯量元件，因此模型是 4 个自由度扭转振动系统，4 个自由度分别描述 4 个转动惯量元件的扭转振动位移 θ_m、θ_p、θ_g 和 θ_L 从而可推得系统的分析模型为

$$\begin{cases} I_m\ddot{\theta}_m + c_p(\dot{\theta}_m - \dot{\theta}_p) + k_p(\theta_m - \theta_p) = T_m \\ I_p\ddot{\theta}_p + c_p(\dot{\theta}_p - \dot{\theta}_m) + k_p(\theta_p - \theta_m) + R_pW_d = 0 \\ I_g\ddot{\theta}_g + c_g(\dot{\theta}_g - \dot{\theta}_L) + k_g(\theta_g - \theta_L) - R_gW_d = 0 \\ I_L\ddot{\theta}_L + c_p(\dot{\theta}_L - \dot{\theta}_g) + k_p(\theta_L - \theta_g) = -T_L \end{cases} \tag{6-18}$$

式中，I_m、I_p、I_g、I_L 分别为 4 个质量元件的转动惯量；c_p、c_g 分别为主、被动连接轴的扭转阻尼；k_p、k_g 分别为主、被动连接轴的扭转刚度；T_m、T_L 分别为作用在内燃机和负载上的扭矩；W_d 为轮齿的动态啮合力。

$$W_d = c_m(R_p\dot{\theta}_p - R_g\dot{\theta}_g - \dot{e}) + k_m(R_p\theta_p - R_g\theta_g - e) \tag{6-19}$$

整理可得齿轮-转子系统扭转振动分析模型，其矩阵形式表示为

$$[\boldsymbol{m}][\ddot{\boldsymbol{\delta}}] + [\boldsymbol{c}][\dot{\boldsymbol{\delta}}] + [\boldsymbol{k}][\boldsymbol{\delta}] = [\boldsymbol{P}] \tag{6-20}$$

式中，$[\boldsymbol{\delta}] = [\theta_m \theta_p \theta_g \theta_L]^T$

$$[\boldsymbol{m}] = \begin{bmatrix} I_m & 0 & 0 & 0 \\ 0 & I_p & 0 & 0 \\ 0 & 0 & I_g & 0 \\ 0 & 0 & 0 & I_L \end{bmatrix}$$

$$[\boldsymbol{c}] = \begin{bmatrix} c_p & -c_p & 0 & 0 \\ -c_p & c_p + c_m R_p^2 & -c_m R_p R_g & 0 \\ 0 & -c_m R_p R_g & c_g + c_m R_g^2 & -c_g \\ 0 & 0 & -c_p & c_p \end{bmatrix}$$

$$[\boldsymbol{k}] = \begin{bmatrix} k_p & -k_p & 0 & 0 \\ -k_p & k_p + k_m R_p^2 & -k_m R_p R_g & 0 \\ 0 & -k_m R_p R_g & k_g + k_m R_g^2 & -k_g \\ 0 & 0 & -k_p & k_p \end{bmatrix}$$

$$[\boldsymbol{P}] = \begin{bmatrix} T_m \\ -c_m R_p \dot{e} - k_m R_p e \\ c_m R_g \dot{e} + k_m R_g e \\ -T_L \end{bmatrix}$$

式中，$[\boldsymbol{\delta}]$ 为振动位移列阵；$[\boldsymbol{m}]$、$[\boldsymbol{c}]$、$[\boldsymbol{k}]$ 分别为质量矩阵、阻尼矩阵、刚度矩阵；$\{\boldsymbol{P}\}$ 为载荷列阵。

将两对齿轮副的轮齿均视作刚性无变形的，从而可以简化为图 6-9（b）所示的等效系统，求解即可得到相应的运动方程。

6.2.4　计算结果与分析

下面给出主动轮齿数 113、从动轮齿数 87、模数 2mm、压力角 20°、最高工作转速 2500r/min 的齿轮副扭转振动模型静态传递误差、动态啮合力和动态传递误差曲线，如图 6-10～图 6-12 所示。

由图 6-10 可知，静态传递误差啮合频率为基频的周期性时变函数，在单双齿交替啮合时存在明显的跳变现象。

由图 6-11 可知，齿轮动态啮合力同样是以啮合频率为基频的周期性时变函数，经过一段幅值变小的振荡后逐渐稳定。

由图 6-12 可知，在工作转速范围内，齿轮动态传递误差存在明显的共振现象，与啮合频率基频激励相关。

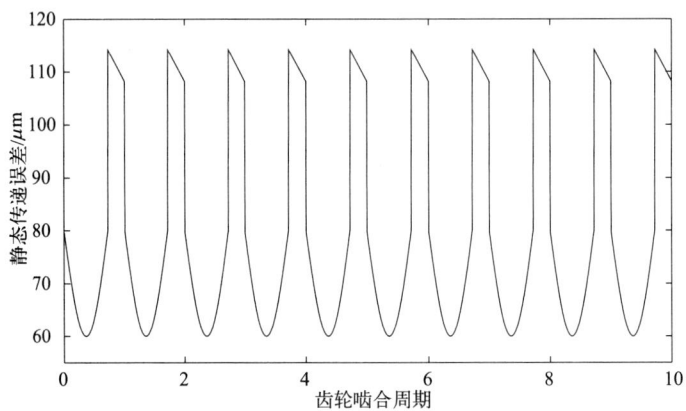

图 6-10　静态传递误差曲线

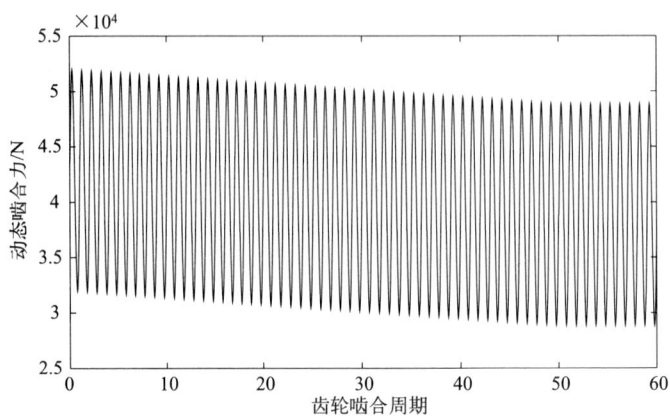

图 6-11　动态啮合力曲线

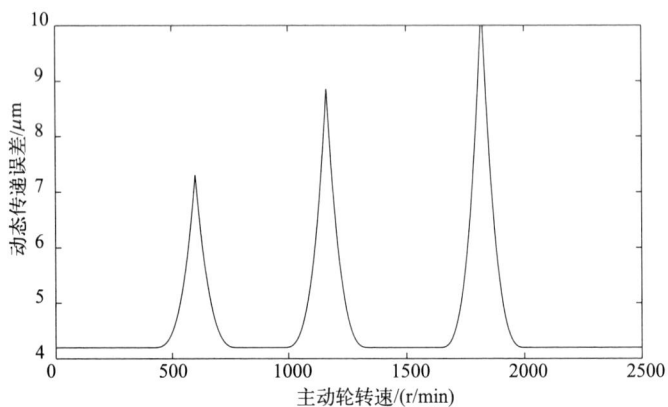

图 6-12 动态传递误差曲线

参考文献

[1] 林大渊. 内燃机动力学 [M]. 北京：中国工业出版社，1961.

[2] 朱孟华. 船舶内燃机动力学 [M]. 北京：国防工业出版社，1979.

[3] 郑启福. 内燃机动力学 [M]. 北京：国防工业出版社，1991.

[4] 吴广全等. 用多体系统动力学研究内燃机的配气机构 [J]. 内燃机学报：1992，1 (10).

[5] 张保成，苏铁熊，张林仙. 内燃机动力学 [M]. 北京：国防工业出版社，2009.

[6] 贾锡印，李晓波. 柴油机燃油喷射及调节 [M]. 哈尔滨：哈尔滨工程大学出版社，2002.

[7] 洪嘉振. 计算多体系统动力学 [M]. 北京：高等教育出版社，1999.

[8] 陈文润. 内燃机动力学 [J]. 内燃机，1987，3 (4)：1-9.

[9] 高安津. 内燃机配气系统动力学计算与仿真 [D]. 上海：上海交通大学，2007.

[10] 陈永东，钟绍华. 内燃机系统动力学仿真 [J]. 轻型汽车技术，2006 (9)：4.

[11] 国杰，张文平. 内燃机配气机构的动力学与振动噪声预测 [M]. 北京：国防工业出版社，2016.

[12] 王才峰，俞小莉，周迅，等. 内燃机曲轴轴系多体动力学分析 [J]. 现代机械，2006 (6)：4.

[13] 郝赫. 多轴重型汽车刚弹耦合虚拟样机分析与匹配 [D]. 长春：吉林大学，2011.

[14] 沈火群. 内燃机活塞销与连杆小端撞击的动力学分析 [J]. 内燃机，2010，26 (1)：18-21.

[15] 马炳杰，张欢，王志刚. 内燃机曲柄连杆机构冲击动力学分析 [J]. 噪声与振动控制，2013，33 (2)：32-35.

[16] 王敬，张蕾，陈希林. 基于多体动力学的发动机曲柄连杆机构平衡性研究 [J]. 内燃机，2013，29 (6)：32-34.

[17] 程德彬，丁艳，韩莉，等. 某高速内燃机配气机构动力学仿真分析 [J]. 内燃机与配件，2017 (17)：18-21.

[18] 孙立星，王青，赵晓东. 发动机配气系统刚柔耦合多体动力学计算仿真分析 [J]. 小型内燃机与车辆技术，2016，45 (4)：36-43.

[19] Konrad Buczek，杨玉山，张霓虹. 利用虚拟发动机进行发火次序优化 [J]. 国外铁道机车与动车，2018 (3)：13.

[20] 宋秀英，黄磊，陈超，等. 发动机配气机构仿真分析 [J]. 内燃机与配件，2019 (16)：3.

[21] 王利，龙昌平，梁金连. 基于虚拟样机技术的汽车主轴瞬态动力学分析 [J]. 内燃机与配件，2021 (12)：63-64.

[22] 李婷婷，张振山，崔国华，等. 耦合铰间隙和柔性作用的曲柄连杆机构动力学分析 [J]. 机械传动，2021，45 (11)：116-122.

[23] 石瑞，李蜀予，任海艳. 活塞-连杆-曲轴系多体动力学及其影响因素研究现状 [J]. 现代机械，2021 (5)：46-52.

[24] 周连梅. 机械工程中的多体系统动力学问题 [J]. 数字化用户，2020 (43)：133-135.

[25] 李一民，郝志勇，叶慧飞. 柴油机正时齿轮系动力学特性分析 [J]. 浙江大学学报（工学版），2012，46 (8)：1472-1477.

[26] 薛爽，毕玉华，贾德文，等. 曲轴转速波动对某柴油机正时齿轮系动力学特性的影响 [J]. 现代电子技术，2014，37 (10)：35-38.

[27] 戎保，芮筱亭，王国平，等. 多体系统动力学研究进展 [J]. 振动与冲击，2011，30 (7)：178-187.

[28] 赵艳峰. 齿轮系统激励特性及其引起的柴油机整机振动噪声分析 [D]. 哈尔滨：哈尔滨工程大学，2017.

[29] 黄祝庆. 基于多体动力学的齿轮副建模与实验研究 [D]. 南京：南京航空航天大学，2013.

[30] Bayo E，Ledesma R. Augmented Lagrangian and mass-orthogonal projection methods for constrained multibody dynamics [J]. Nonlinear Dynamics，1996，9 (1-2)：113-130.

[31] Hong-Liang Y U，Meng X S，Duan S L，et al. Lubrication analysis of marine diesel engine main bearing based on multi-body dynamics [J]. Journal of Dalian Maritime University，2009.

[32] Zhao P，Fan W，Zhang B. Study on simulation of dynamics of crank train of diesel engine based on virtual prototype technology [J]. Design & Manufacture of Diesel Engine，2008.

[33] Yao S G，Bao G Z，Jiang-Tao X U. Kinematics and dynamics simulation analysis of valve actuating mechanism for

diesel engine based on virtual prototype technology [J] . Ship Engineering, 2009, 31 (6): 20-23.

[34] Machado M, Moreira P, Flores P, et al. Compliant contact force models in multibody dynamics: Evolution of the Hertz contact theory [J] . Mechanism and Machine Theory, 2012, 53: 99-121.

[35] Li X, Zuo Z X, Qin W J, et al. Transient dynamics analysis and fatigue life prediction of V type diesel engine block [J] . Nranji Gongcheng/Chinese Internal Combustion Engine Engineering, 2014, 35 (3): 100-105, 111.

[36] Yaqubi S, Dardel M, Daniali H M. Nonlinear dynamics and control of crank - slider mechanism with link flexibility and joint clearance [J] . Proceedings of the Institution of Mechanical Engineers, Part C: Journal of Mechanical Engineering Science, 2016, 230 (5): 737-755.

[37] Dvornik J, Mitrovic F. System dynamics simulation model of the marine diesel engine start up system [J] . DEStech Transactions on Engineering and Technology Research, 2017.

[38] Tsitsilonis K M, Theotokatos G, Xiros N, et al. Systematic investigation of a large two-stroke engine crankshaft dynamics model [J] . Energies, 2020, 13 (10): 2486.

[39] Gu Z W, Hou X N, Keating E, et al. Non-linear finite element model for dynamic analysis of high-speed valve train and coil collisions [J] . International Journal of Mechanical Sciences, 2020, 173: 105476.

[40] Hu B, Zhou C J, Wang H B, et al. Prediction and validation of dynamic characteristics of a valve train system with flexible components and gyroscopic effect [J] . Mechanism and Machine Theory, 2021, 157: 104222.

[41] Latif R, Qasim S A, Ali M. Modeling injector fuel spray dynamics for soot reduction in heavy duty diesel engine [J] . International Review of Mechanical Engineering (IREME), 2021, 15 (4): 165.

[42] Fiebig W, Prastiyo W. Utilization of mechanical resonance for the enhancement of slider-crank mechanism dynamics in gas compression processes [J] . Energies, 2022, 15 (20): 7769.